Mohamed Dallel

Développement de Matériaux Bio-inspirés

AF185563

Mohamed Dallel

Développement de Matériaux Bio-inspirés

inspirés

Mise en œuvre et caractérisation physico-chimique
de la plante au fil : Application à l'Alfa (Stipa
Tenacissima L.)

Presses Académiques Francophones

Impressum / Mentions légales
Bibliografische Information der Deutschen Nationalbibliothek: Die Deutsche Nationalbibliothek verzeichnet diese Publikation in der Deutschen Nationalbibliografie; detaillierte bibliografische Daten sind im Internet über http://dnb.d-nb.de abrufbar.
Alle in diesem Buch genannten Marken und Produktnamen unterliegen warenzeichen-, marken- oder patentrechtlichem Schutz bzw. sind Warenzeichen oder eingetragene Warenzeichen der jeweiligen Inhaber. Die Wiedergabe von Marken, Produktnamen, Gebrauchsnamen, Handelsnamen, Warenbezeichnungen u.s.w. in diesem Werk berechtigt auch ohne besondere Kennzeichnung nicht zu der Annahme, dass solche Namen im Sinne der Warenzeichen- und Markenschutzgesetzgebung als frei zu betrachten wären und daher von jedermann benutzt werden dürften.

Information bibliographique publiée par la Deutsche Nationalbibliothek: La Deutsche Nationalbibliothek inscrit cette publication à la Deutsche Nationalbibliografie; des données bibliographiques détaillées sont disponibles sur internet à l'adresse http://dnb.d-nb.de.
Toutes marques et noms de produits mentionnés dans ce livre demeurent sous la protection des marques, des marques déposées et des brevets, et sont des marques ou des marques déposées de leurs détenteurs respectifs. L'utilisation des marques, noms de produits, noms communs, noms commerciaux, descriptions de produits, etc, même sans qu'ils soient mentionnés de façon particulière dans ce livre ne signifie en aucune façon que ces noms peuvent être utilisés sans restriction à l'égard de la législation pour la protection des marques et des marques déposées et pourraient donc être utilisés par quiconque.

Coverbild / Photo de couverture: www.ingimage.com

Verlag / Editeur:
Presses Académiques Francophones
ist ein Imprint der / est une marque déposée de
OmniScriptum GmbH & Co. KG
Heinrich-Böcking-Str. 6-8, 66121 Saarbrücken, Deutschland / Allemagne
Email: info@presses-academiques.com

Herstellung: siehe letzte Seite /
Impression: voir la dernière page
ISBN: 978-3-8416-2504-5

Développement de Matériaux Bio-inspirés: Mise en œuvre et caractérisation physico-chimique de la plante au fil : Application à l'Alfa (Stipa Tenacissima L.)

Father, I wish you were here to see this...

REMERCIEMENTS

Ce livre est l'aboutissement de plusieurs années de recherches consacrées au développement d'une nouvelle fibre textile bio-sourcée. Je voudrais ici remercier certaines personnes qui m'ont guidé et accompagné sur ce chemin plein de détours. Je pense tout d'abord à mes encadreurs de thèse (M. Lallam et M.Renner) et tout le personnel du Laboratoire de Physique et Mécanique Textile de Mulhouse. Merci aussi à M.Gawrysiak ainsi que M.Gourlot du Centre de Coopération Internationale en Recherche Agronomique pour le Développement (CIRAD) pour leur précieuse aide et leur contribution très appréciée.

Mes remerciements s'adressent également à toute ma famille à Mulhouse et à ma chère famille en Tunisie pour leur soutien interminable qui a tant enduré et à qui ce livre est dédié.

Finalement, c'est avec émotion que je tiens à remercier tous ceux qui, de près ou de loin, ont contribué à la réalisation de ce projet.

Liste des figures

Liste des tableaux

Table des matières

Introduction générale

1. Contexte général

Près de 35 millions de tonnes de fibres naturelles représentant environ le tiers de la production mondiale en fibres textiles sont récoltées chaque année à partir d'une vaste gamme d'animaux tels que : les moutons, les chèvres ou les alpagas [1]. Ces fibres peuvent venir également à partir du large éventail de plantes disponibles telles que : les capsules de coton, les feuilles de sisal, les tiges de jute, le chanvre et le lin. Les fibres forment les tissus, les cordes et les ficelles qui ont joué un rôle fondamental pour la société depuis l'aube de la civilisation et ont accompagné l'homme au fil des siècles.

Mais au cours du demi-siècle passé, les fibres naturelles ont été remplacées dans nos ménages, vêtements et industries par des fibres synthétiques ou artificielles avec des noms comme l'acrylique, le Nylon, le polyester et le polypropylène. Le succès des produits synthétiques est dû principalement à leur faible coût de revient. Contrairement aux fibres naturelles récoltées par les agriculteurs, les fibres synthétiques sont produites en masse à partir de produits pétrochimiques avec des propriétés mécaniques uniformes et contrôlables, quant aux longueurs et couleurs, elles sont facilement adaptables aux différentes applications spécifiques pour

1

lesquelles elles sont destinées. Pour la 1ere fois, au milieu des années 70, la tendance s'est inversée et la consommation mondiale des fibres chimiques a dépassé celle des fibres naturelles, et depuis, l'écart entre les fibres chimiques et les fibres naturelles ne cesse de se creuser [2,3].

Cependant, depuis une dizaine d'années, les industries et les institutions européennes puis mondiales montrent un intérêt croissant pour les fibres végétales tant d'un point de vue économique (recherche de réduire le coût des matières, particulièrement après l'envol des prix des produits pétrochimiques), qu'environnemental (l'essor des tissus synthétiques et la réduction des impacts des produits industriels sur l'environnement). Ces fibres d'origine végétale séduisent de plus en plus par l'ensemble de leurs propriétés telles que : leur bonne résistance mécanique, le faible poids, la biodégradabilité et le faible coût [4]. Elles sont désormais utilisées dans des secteurs à forts enjeux : le transport, la construction, l'agroalimentaire, l'agriculture, la plasturgie...

Le lin ou le chanvre peuvent être utilisés comme renfort de polymère de type PVC, PE ou PP en substitution des fibres synthétiques (verre, kevlar, carbone...) dans certains matériaux de construction. L'incorporation de fibres végétales (bois, lin, chanvre) dans les matériaux thermoplastiques ou thermodurcissables en remplacement des fibres de verre est un concept déjà commercialisé [5,6].

Concernant le secteur de l'automobile, du chanvre, du lin, du sisal voire de l'abaca sont incorporés dans les accoudoirs, les tablettes arrières, les dossiers de sièges ou dans les boucliers de moteurs. L'utilisation de fibres naturelles par l'industrie automobile en Europe est estimée à 100 000 tonnes en 2010 et dans certaines séries BMW, on peut retrouver jusqu'à 24 kg de lin et de sisal [7,8].

Outre l'isolation des toitures, le béton de chanvre est également utilisé pour la réalisation de dalles isolantes ou le montage de murs. Tandis que la laine de chanvre issue des tiges de chanvres broyées, a remplacé la laine de verre. Les isolants naturels présentent ainsi de nombreux atouts environnementaux: performance d'isolation thermo-acoustique, capacité de régulation hygrométrique et faible énergie grise pour leur fabrication et recyclabilité. En effet, les fibres végétales sont variées et se caractérisent par une grande richesse d'usage car, pour certaines applications spécifiques, elles représentent des matériaux dotés de performances techniques parfois supérieures à celles des matériaux traditionnels, et pour ces raisons, nous assistons depuis quelques années à une croissance et une variété d'usage qui se retrouve dans l'accroissement de la production de fibres. En 2002, la production de ces fibres a été pour la première fois insuffisante pour répondre à la demande, et cette demande ne cesse d'augmenter avec l'intérêt des industriels de plus en plus fort [8,9].

Dans ce contexte, nous avons décidé d'étudier une nouvelle fibre végétale : l'Alfa *(Stipa Tenacissima L.)* et analyser ses propriétés physiques et mécaniques afin d'évaluer son potentiel textile. Cette étude va nous permettre de valider ou non ce potentiel et prospecter des éventuelles applications de ce nouveau matériau issu de la biomasse.

2. Objectifs visés

A ce jour, l'Alfa est bien connue pour des applications papetières comme une matière première noble, en revanche, elle n'est pas connue dans des applications textiles, si ce n'est pour la réalisation d'objets d'artisanat pour les quels les brins sont mis en œuvre tels quels. Elle a été également une source d'inspiration pour la réalisation de composites verts (pour une application de prothèses orthopédiques) et a été utilisée en mélange avec d'autres fibres naturelles telles que la laine dans la fabrication de non tissés, mais jamais pour des applications textiles proprement dites [10-12].

Avec cette étude, nous visons d'étudier la fibre d'Alfa et d'analyser ses propriétés physico-chimiques d'un coté et mécaniques de l'autre afin de conclure quant à son potentiel textile. Pour ce faire, nous proposons d'abord d'étudier et comprendre la microstructure de la fibre d'Alfa afin d'expliquer ses propriétés intrinsèques, de l'intégrer ensuite dans le circuit de transformation textile, et d'essayer de progresser d'une surface fibreuse désordonnée à une surface textile homogène et continue, ce qui va nous permettre d'envisager la possibilité d'une éventuelle utilisation industrielle pour des applications techniques par exemple.

Enfin, nous allons réaliser un filament cellulosique avec une surface et des propriétés uniformes à partir de la même plante par le biais d'un filage humide.

Chapitre I

Etude bibliographique sur les fibres d'Alfa
(Stipa Tenacissima L.)

Depuis son existence, « se vêtir » est apparu comme un besoin fondamental pour l'Homme, juste après « manger et boire ». Il ne cesse d'afficher un intérêt croissant très remarquable aux matières textiles, il les transforme et les adapte à ses besoins, notamment, de protection thermique. Aujourd'hui, ce besoin fondamental a évolué et les matériaux fibreux nous entourent, ils tiennent notre corps au chaud, ils nous protègent, ils sont étroitement liés à notre bien être, ils réfléchissent notre personnalité et ils sont omniprésents dans nos usages quotidiens. Ces applications diverses et variées exigent l'utilisation de matériaux avec des propriétés bien spécifiques, d'où le spectre très large de matières textiles recensées aujourd'hui.

1. Les matières textiles

La filière textile-habillement est très riche de matières fibreuses issues d'origines très variées, et les destinations des produits finis sont de plus en plus diversifiées. Les fibres textiles peuvent être classées selon leurs origines : Naturelle ou Chimique. Ces deux catégories basiques peuvent encore être subdivisées en sous catégories, ainsi, les fibres naturelles peuvent être d'origine végétale, animale ou minérale. Quant aux fibres chimiques, elles sont synthétiques ou artificielles selon l'origine du polymère utilisé, comme le montre la figure 1.

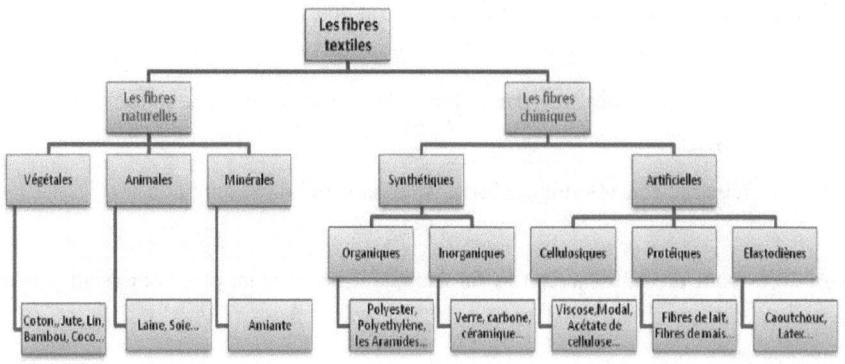

Figure 1. Classification générale des fibres textiles [13]

1.1. Les fibres naturelles

1.1.1. Les fibres végétales

Les fibres végétales sont issues de la biomasse, elles peuvent être extraites du fruit, de la tige ou de la feuille d'une plante. Elles sont principalement composées de cellulose, d'hémicelluloses, de lignines et de pectines. Elles sont surtout utilisées pour leurs avantages inégalés : leur faible densité, leur pouvoir d'isolant thermique, leurs propriétés mécaniques, et notamment pour leur biodégradabilité et atouts écologiques [4]. Cette catégorie de fibres fera le sujet de la prochaine section (2. Les fibres végétales) et sera étudiée en détails.

1.1.2. Les fibres animales

La petite part du marché que tiennent ces fibres (à peine 2%) sur l'ensemble des fibres textiles utilisées dans le monde d'un point de vue tonnage ne reflète pas la proportion économique plus importante [14]. La fibre la plus importante et la plus utilisée est la fibre de laine connue pour ses qualités de bon isolant thermique, son pouvoir absorbant élevé (16-18%) et son élasticité importante (45%) [15]. Les fibres animales sont classées selon leur provenance, on note essentiellement :

- Poils : la laine (obtenue par la tonte de moutons), alpaga, angora, chameau, cachemire,…
- Sécrétions : soie (Bombyx Mori), soie sauvage, fils d'araignée

Ces fibres sont produites avec des faibles quantités et leurs prix sont relativement chers.

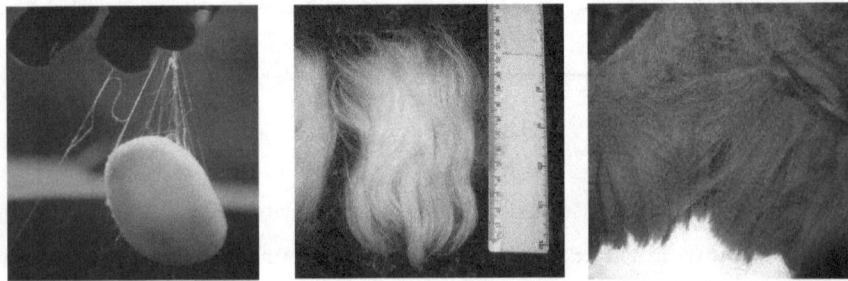

Figure 2. Illustrations de quelques fibres animales, de gauche à droite: cocon de soie, fibres d'Angora et fibres d'Alpaga

1.1.3. Les fibres minérales

L'amiante est la seule fibre minérale naturelle. Il a attiré l'attention des industriels pour sa résistance à la chaleur, au feu, aux agressions électriques et chimiques et pour son pouvoir absorbant. Il a été utilisé pour les patins de freins ou en garniture de chaudières ou fours électriques, ou encore dans diverses installations électriques (ex : plaques chauffantes) avant de l'interdire progressivement à cause des risques cancérigènes qu'il présente [16,17].

1.2. Les fibres chimiques

1.2.1. Les fibres artificielles

Ce sont des fibres obtenues chimiquement à partir de différentes matières naturelles [18] :

- La cellulose : pour la fabrication de la Viscose, Lyocell, Modal, Acétate de cellulose... [19]
- Les protéines : servent comme matière première pour la fabrication des fibres telles que : les fibres de lait (caséine), les fibres de mais (zéine)[20]
- Le Latex : produit par certaines plantes (telle que l'Hévéa) et sert à la fabrication des fibres de Latex ou de caoutchouc [21].

Quelle que soit la matière utilisée, le but est d'avoir une solution filable après avoir effectué des traitements chimiques (par exemple la séparation de la cellulose des autres substances non cellulosiques, dissolution du produit...) afin de la filer à travers une filière de quelques microns de diamètre. Les filaments ainsi obtenus sont soit réunis pour former le fil, soit découpés en fibres de longueur fixe pour intégrer le processus de la filature (obtenir des mélanges par exemple).

La viscose qui partage certaines propriétés avec le coton, comme le bon pouvoir absorbant, la douceur au toucher et la structure chimique, présente toutefois plusieurs avantages par rapport à celui-ci. En maitrisant le procédé de filage, il est possible d'obtenir des fibres à haute ténacité, de contrôler la frisure et de choisir la finesse, et donc adapter ces paramètres aux destinations finales du produit [22].

Le procédé de la viscose est relativement lent et compliqué, en plus, il n'est pas sans conséquences sur l'environnement. D'où l'apparition de nouveaux procédés qui donnent naissances à des nouvelles fibres plus écologiques, utilisant des solvants inertes (à la place de la soude à haute concentration) et des bains de coagulation à base d'eau (à la place de l'acide sulfurique), tel que le Lyocell.

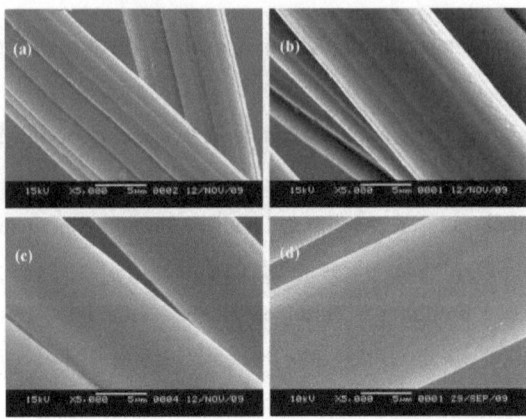

Figure 3. Images MEB de différents types de fibres artificielles cellulosiques :
a) Viscose. b) Newdal. c) Lyocell. d) II-cell [23]

1.2.2. *Les fibres synthétiques*

Les fibres synthétiques sont fabriquées avec des polymères de synthèse obtenus à partir de substances ou de composés fournis par l'industrie pétrochimique. Elles ont fait leurs apparitions au début de 20ème siècle, après la réussite de la fibre de Viscose, depuis lors, un grand nombre de fibres synthétiques ont été mises au point; elles possèdent chacune des propriétés qui répondent à un type particulier d'application. Ces fibres, tout comme les fibres artificielles, sont obtenues par filage. Elles suscitent l'intérêt de beaucoup d'industriels pour leur faible coût, leur disponibilité et indépendance des saisons et surtout la possibilité de les adapter et modifier leurs propriétés, par contre, elles sont très critiquées quant à leur comportement vis-à-vis de l'environnement que ce soit pendant le processus de fabrication ou après leur utilisation et les difficultés de leur recyclage [24].

Les principales catégories de fibres synthétiques commercialisées sont:

- Les polyamides (Nylons) : les divers types de nylon sont différenciés par les chiffres qui indiquent le nombre d'atomes de carbone qu'ils renferment, le premier de ces chiffres s'appliquant à la diamine. Ainsi, le premier en date des nylons, formé par la polycondensation d'Hexaméthylènediamine ($H_2N(CH_2)_6NH_2$) et d'acide adipique, est connu sous le nom de nylon 66 ou 6.6 aux Etats-Unis et au Royaume-Uni, du fait que la diamine et l'acide bibasique contiennent chacun 6 atomes de carbone. Il est commercialisé sous les marques Perlon T en Allemagne, Nailon en Italie, Nylsuisse en Suisse, Anid en Espagne et Ducilo en Argentine.

- Les polyesters : le premier polyester a été produit en 1941. Le polyester est obtenu par réaction de l'éthylène glycol avec de l'acide téréphtalique. Les chaînes moléculaires courtes s'assemblent en longues chaînes pour donner un polymère qui sera filé à l'état fondu. Ces Fibres de polyester sont très couramment utilisées en mélange avec du coton ou d'autres matières cellulosiques dans des articles d'habillement tels que : chemises, T-shirts, robes, pantalons et blouses. Le Polyester est souvent utilisé pour les ceintures de sécurité des voitures et avions, les fils à coudre et les voiles de bateaux.

- Les dérivés polyvinyliques : le produit le plus important de cette catégorie est le polyacrylonitrile ou fibre Acrylique dont la production a été lancée en 1948. Ces fibres ont un toucher doux et chaleureux, et sont utilisées dans nombreuses applications : les tapis, les couvertures, les vêtements de travail, ainsi que dans les tissus d'ameublement pour les avions, les trains et les salles publiques.

- Les polyoléfines : les polyéthylènes et les polypropylènes : sont d'une importance croissante et leur production s'élève maintenant à environ 8% de toutes les fibres synthétiques. Le polypropylène en particulier, est utilisé pour la fabrication des tapis, les tissus d'ameublement, les géotextiles et nous le retrouvons de plus en plus dans le secteur d'habillement, alors que l'utilisation technique du polyéthylène est relativement limitée en raison de son point de fusion assez bas (120° C) [25].

D'autres fibres synthétiques existent mais elles sont produites à une échelle moins importante et n'ont pas un large éventail d'applications.

A coté de ce spectre, d'autres fibres plus récentes ont fait leur apparition et ont conquis le marché des fibres textiles grâce à leurs propriétés exceptionnelles. Nous citons par exemple la fibre d'élasthanne qui présente un taux d'allongement de 300% à 500%, nous la retrouvons dans les applications qui demandent des propriétés d'élasticité telles que : les maillots de bain, les pantalons stretch et dans les articles de lingerie [26]. Un autre exemple de ces fibres révolutionnaires, les aramides qui ont de très bonnes propriétés mécaniques en traction, bonne résistance aux chocs et à l'abrasion et elles sont notamment connues pour leur bonne résistance au feu et à la chaleur en plus de leur légèreté. Les noms commerciaux les plus connus des aramides sont le Kevlar et le Nomex, produits de la société Du Pont de Nemours [27].

1.2.3. Les fibres de demain :

Après la 1ère ère pendant laquelle l'homme a su répondre à ses besoins en exploitant les fibres naturelles se trouvant à sa porté (laine, coton, lin, chanvre …), il est passé en fin du 19ème siècle à la 2ème ère caractérisée par la domination des fibres chimiques pour répondre à la forte demande industrielle bénéficiant ainsi du faible coût de ces fibres et de la forte cadence de production. Pour arriver au début du 21ème siècle, avec de nouvelles exigences pour répondre à la diversité des nouveaux besoins qui ont, tout naturellement, évolué avec le temps. Les programmes de recherche et les tendances actuelles se concentrent sur les axes suivants :

- Elaboration de nouvelles fibres par : l'utilisation de nouveaux polymères (à mémoire de forme, à changement de phases), la modification des formulations en incorporant des céramiques, des antiseptiques, des fonctions colorées changeantes ou des produits barrières et l'utilisation de nouveaux précurseurs (résidu de distillation par exemple) pour fibre de carbone ou de céramique [28].

- Modification de fibres par : fonctionnalisation chimique (traitement plasma ou greffage, échange d'ions, antiseptiques...) ou par traitement physique de surface.

- Développement des nanofibres et profiter de leur surface spécifique élevée dans des secteurs émergents comme la filtration, l'énergie, les catalyseurs et la santé.

- Elaboration de nouvelles fibres cellulosiques (naturelles ou artificielles) qui offrent des bonnes performances générales et dont le processus de transformation est très écologique et qui affiche un bilan environnemental positif.

1.3. Le marché des fibres textiles et les enjeux

La consommation mondiale de fibres textiles augmente avec l'accroissement de la population et du niveau de vie, elle est estimée aujourd'hui à plus de 75 millions de tonnes [29]. Le marché mondial des textiles a connu une croissance régulière et remarquable ces dernières années, et il a connu également quelques inversions de tendances, en effet, les fibres naturelles représentaient la quasi-totalité des utilisations jusque dans les années 1960 mais depuis le début des années 2000, le coton ne représente plus que 39% de la totalité des fibres utilisées à travers le monde. Cette baisse est intervenue au profit des fibres chimiques, qui représentent environ 58% des utilisations totales de fibres en 2009, contre 25% dans les années 1970 (Figure 4).

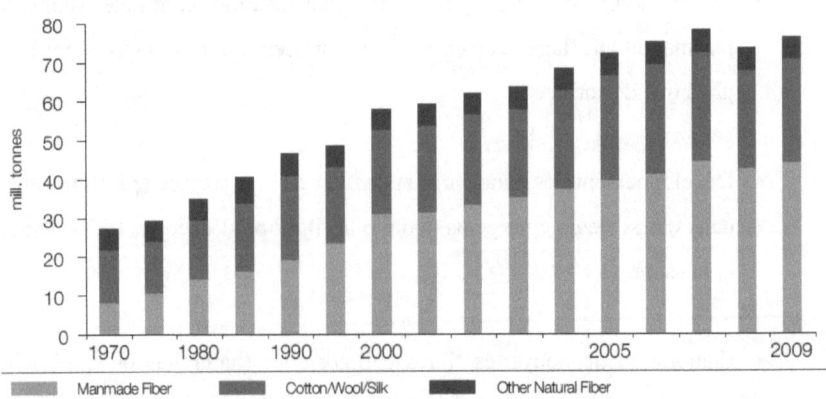

Figure 4. Evolution de la répartition des utilisations mondiales de fibres (en milliers de tonnes) [30]

Au niveau mondial, la production de fibres textiles se monte à environ 75 millions de tonnes (en 2007) et se partage de la façon suivante : 1/3 de fibres naturelles et 2/3 de fibres chimiques (Figure 5). Concernant les fibres naturelles, le coton et la laine ont le monopole des fibres utilisées, en revanche, le polyester est la fibre chimique la plus utilisée au monde (65% des fibres chimiques produites dans le monde) [31].

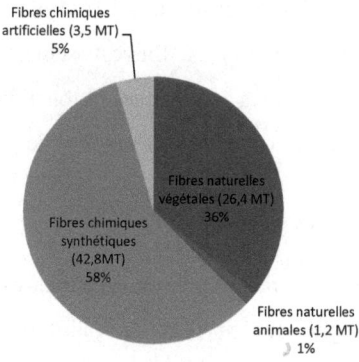

Figure 5. Production mondiale de fibres textiles (en 2007) [31]

Cette quantité de fibres est partagée entre le secteur d'habillement et le secteur des textiles techniques, ce dernier consomme près de 35% des fibres produites dans le monde (24 millions de tonnes pour une valeur de 127 Milliards d'euros) [32]. La production de fibres textiles à usage technique trouve ses débouchés dans les domaines suivants: agriculture, habillement, aménagement intérieur, industrie, construction et bâtiment, articles médicaux, emballages, protection et santé, géotextiles, transports, environnement, sports et loisirs. En Europe, cette part de marché est plus importante (Tableau 1), notamment après la baisse de l'activité d'habillement, et l'essor de quelques secteurs particuliers comme l'hygiène, les géotextiles et les équipements de protection individuelle.

Tableau 1. Principales utilisations des fibres textiles en Europe [33]

Industrie du vêtement	45%
Textiles d'intérieur	30%
Textiles techniques	18%
Autres	7%

2. Les fibres végétales

Le début de XXIème siècle a marqué le retour des industries - européennes - aux fibres végétales. Avec l'intérêt croissant à l'environnement et l'encouragement des gouvernements et des institutions à l'investissement durable, la tendance est de s'orienter vers ce type de fibres écologiques et fonctionnelles. Ce retour est d'autant plus important, que les ressources pétrolières sont de plus en plus rares et coûteuses.

2.1. Structure physique

Les fibres végétales sont des expansions cellulaires assimilables à un matériau composite renforcé par des fibrilles de cellulose (Figure 6). La matrice est principalement composée d'hémicellulose et de lignine. L'ensemble est couvert en général avec des cires et des impuretés [34].

Les fibrilles cellulosiques sont disposées tout au long de la longueur des fibres, et présentent une structure multicouche complexe, avec une paroi primaire très mince qui entoure une couche secondaire plus épaisse. Cette structure est très similaire à celle de fibres de bois.

La paroi cellulaire primaire (externe) est généralement très mince (<1 μm) et très élastique, elle se laisse détendre et déformer. Elle peut ainsi suivre l'augmentation de taille de la cellule en croissance. Les microfibrilles contiennent une proportion de cellulose de 8 à 14%, et forment un maillage lâche, un arrangement dit en structure dispersée [35].

La couche secondaire contient la proportion majeure de cellulose et est constituée des trois couches distinctes (S1, S2 et S3). Celle du milieu (également connue comme couche S2) étant de loin la plus épaisse et la plus importante dans la détermination des propriétés mécaniques. Des études ont précisé que dans cette couche, les microfibrilles de cellulose sont parallèles mais disposées en hélice suivant un angle nommé angle microfibrillaire (MFA). L'angle microfibrillaire et la teneur en cellulose sont des paramètres très importants dans la détermination du comportement mécanique de la fibre [35,36].

Un examen (MEB et/ou MET) des parois cellulaires effectué à différentes échelles montre que celles-ci sont composées de:

- Macrofibrilles de 0,5 μm de diamètre
- Microfibrilles de 10 à 30 nm de diamètre
- Fibrilles élémentaires appelées micelles de 3,5 à 5 nm de diamètre (une micelle est constituée d'environ 50 à 100 macromolécules de cellulose) [37].

Les microfibrilles sont séparées par des espaces interfibrillaires dont les largeurs sont d'environ 10 nm. Les fibrilles élémentaires sont espacées par des espaces intermicellaires (≈1 nm) [38].

Contrairement aux fibres chimiques, qui présentent un diamètre constant et une surface quasiment lisse et uniforme tout au long du filament, les fibres végétales ont des irrégularités importantes au niveau de la finesse, nous observons donc des zones parfois plus fines ou plus grosses que le reste de la fibre. Il est également très fréquent de voir de nombreux défauts présents à la surface et dans le volume d'une fibre végétale. Certains sont produits durant la croissance de la plante, mais le procédé d'extraction peut engendrer également des défauts (genoux, nœuds, dislocation). Ces défauts sont répartis de façon hétérogène sur la longueur d'une fibre et jouent un rôle important dans la détermination de son comportement mécanique parce qu'ils sont souvent à l'origine de la rupture et représentent les points faibles de la fibre [39].

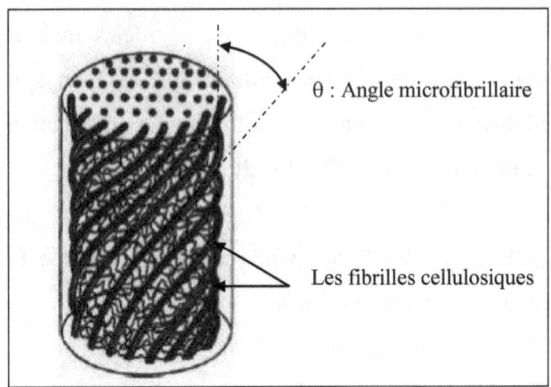

θ : Angle microfibrillaire

Les fibrilles cellulosiques

Figure 6. Structure générale d'une fibre naturelle [40]

2.2. Structure chimique

Hormis l'eau qui reste la molécule indispensable pour la survie de n'importe quelle espèce végétale, les cellules végétales se composent principalement de polymères à base de sucre (glucides) qui sont combinés avec de la lignine et d'autres produits d'extraction en quantités moindres. La composition chimique varie d'une plante à une autre et dépend de l'espèce, de l'âge de la plante, des conditions climatiques, de la composition du sol et de la méthode d'extraction utilisée. Les fibres végétales se composent principalement de la cellulose, d'hémicellulose, de la lignine, de la pectine et des cires. Leurs proportions déterminent l'ensemble des propriétés de fibres.

2.2.1. La cellulose

La cellulose est le principal composant dans la quasi totalité des fibres végétales et représente la matière la plus abondante sur la surface de la terre (plus de 50 % de la biomasse). En 1838, Anselme Payen a indiqué que les parois cellulaires d'un grand nombre de plantes se composent de la même substance, à laquelle il donna le nom de "cellulose".

La cellulose est un glucide de formule moléculaire $(C_6H_{10}O_5)_n$, où n représente le degré de polymérisation et diffère énormément selon l'origine de la cellulose ; sa valeur peut varier de quelques centaines à quelques dizaines de milliers. [41] Cet homopolymère naturel est un polysaccharide de la série des β-D-glucanes. La dimérisation du monomère β-glucose $(C_6H_{12}O_6)$ (Figure 7) donne le motif de répétition connu sous le nom Cellobiose (Figure 8.a), selon les réactions suivantes :

(1) $2\ C_6H_{12}O_6 \rightarrow 2\ C_{12}H_{22}O_{11} + H_2O$

(2) $n\ C_{12}H_{22}O_{11} \rightarrow HO\ (C_6H_{10}O_5)_{2n} + (n\text{-}1)H_2O$

La polymérisation de β-glucose, par polycondensation des groupes d'hydroxyde (-OH) des atomes de carbone numéro 1 et 4 avec la production d'eau, donne le polymère cellulose dont la structure est donnée par la (Figure 9). Les fonctions hydroxyles, ainsi que les liaisons glycosidiques, se situent en position équatoriale par rapport au plan du cycle ce qui entraîne donc que les hydrogènes du cycle se trouvent en position axiale. Chaque molécule de glucose doit être orientée 180° par rapport aux voisines pour que la polymérisation soit possible. Par contre, la polymérisation de α-glucose, de nouveau par les groupes fonctionnels des atomes de carbone 1 et 4, donne le polymère amidon (Figure 10). Contrairement à la polymérisation de β-glucose donnant la cellulose, les liaisons glycosidiques ne doivent pas être tournées l'une contre l'autre pour la polymérisation donnant l'amidon, le motif de répétition ici s'appelle le maltose (Figure 8.b) [35] [42,43].

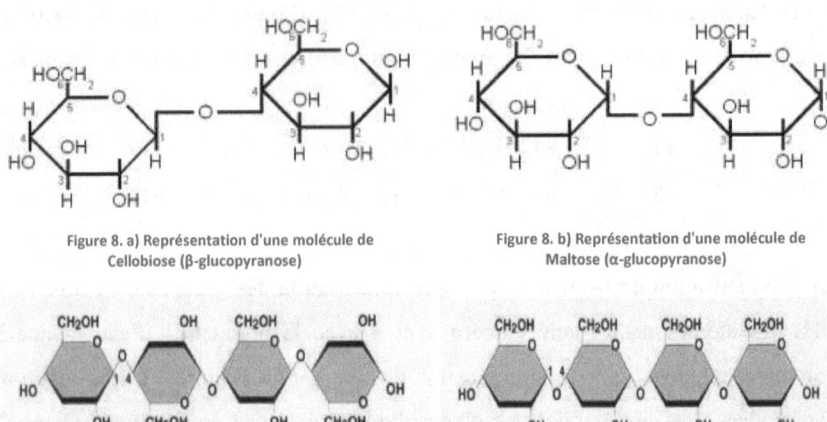

Figure 7. Représentation d'une molécule de glucose

Figure 8. a) Représentation d'une molécule de
Cellobiose (β-glucopyranose)

Figure 8. b) Représentation d'une molécule de
Maltose (α-glucopyranose)

Figure 9. Structure de la Cellulose

Figure 10. Structure de l'Amidon

La structure chimique de la cellulose dans les fibres naturelles ne change pas, par contre, les dimensions de cellules peuvent varier selon le type et l'espèce, ceci est un paramètre parmi d'autres qui pourrait influencer les propriétés mécaniques des fibres. Un examen structural de la molécule de cellulose montre la présence des groupes hydroxyles, ces groupes forment des liaisons inter et intra moléculaires de type hydrogène avec la macromolécule elle-même ou avec d'autres macromolécules, ces liaisons sont responsables des propriétés de cohésion et de l'aspect hydrophilique des fibres naturelles. Puis, cellulose est très difficilement soluble car il est peu aisé de rompre toutes ces interactions. Enfin, elle n'est pas fusible car la température nécessaire à la rupture de ces liaisons hydrogènes est supérieure à celle de la décomposition de la molécule, qui a lieu par rupture du cycle glucopyranosique [44,45].

Un autre paramètre influençant de manière significative les propriétés mécaniques des fibres est le degré de polymérisation (DP) qui varie d'une plante à une autre. Pour la cellulose, il varie entre 400 et 14000. Le maximum est atteint pour la cellulose native (n'ayant subi aucun traitement). En moyenne, après traitement de purification, les celluloses possèdent un DP de 2500 [46].

D'un point de vue cristallinité, la cellulose présente une morphologie semi-cristalline (Figure 11). Le taux de cristallinité de la cellulose est de 40 à 50% pour le bois, 60% pour le coton et dépasse les 70% pour certaines algues marines [47]. La structure cristalline de ce matériau étant très complexe, de nombreux modèles théoriques ont été proposés dans le but de la comprendre. La cellulose naturelle est la cellulose I, avec deux structures différentes I_α et I_β. Les celluloses produites par les bactéries et les algues sont riches en cellulose I_α alors que la cellulose présente dans les plantes est principalement de type I_β [48-50]. Plusieurs techniques physiques permettent de mesurer le taux de cristallinité, parmi lesquelles : la diffractométrie de rayons X, la micro-enthalpie différentielle (mesure des enthalpies de fusion), la résonance magnétique nucléaire (RMN) et la spectroscopie infrarouge (IR).

Toujours en raison de la forte cohésion de ce matériau et son excellente organisation, la cellulose est insoluble dans la plupart des solvants organiques [51]. Seuls certains mélanges fortement polaires sont capables de la dissoudre tels que :

- Cuam (Hydroxyde de cuprammonium) et le Cuen (hydroxyde de cupriethylenediamine) à 10% [52]
- Des solutions de soude (NaOH) de concentration comprise entre 6 et 10%, de préférence en présence de 2 à 4% d'urée [53]
- Un mélange de 72,1% de thiocyanate d'ammonium, 26,5% d'ammonium et 1,4% d'eau [52]
- Chlorure de lithium dans le N,N-diméthylacetamide
- Le mélange DMSO/TBAF (N,N-diméthylformamide / flurorure de tetrabutylammonium trihydraté)
- Le mélange DMF/N2O4 (N,N-diméthylformamide / tetraoxyde de diazote)
- Le mélange de DMSO / paraformaldéhyde
- Le N méthylmorpholine- N-oxyde (NMMO) [54]
- …

Tout ces produits ou mélanges arrivent à dissoudre la cellulose mais soit avec une forte possibilité de la dégrader, soit, avec un DP limite à ne pas dépasser, et au-delà duquel la dissolution n'est plus possible ou ils sont capables d'entraîner une modification chimique de la cellulose créant ainsi des intermédiaires instables solubles à l'exception du NMMO et du Cupri-éthylène-diamine (CED) qui restent les plus utilisés industriellement [55]. Le NMMO est connu pour son aspect écologique, en plus de la possibilité de recyclage que présente ce solvant, en effet, il est possible d'en récupérer plus de 98% dans les procédés industriels.

La cellulose peut également être régénérée à partir d'une solution, le procédé de la Viscose (transformation de la cellulose en Xanthate) est de loin le plus utilisé. Cette régénération peut être utilisée pour la fabrication de filaments (rayonne) utilisés dans le textile ou pour des applications diverses.

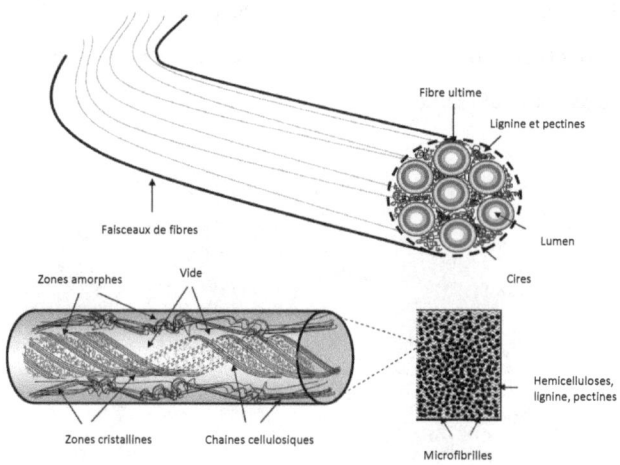

Figure 11. Schéma montrant la structure ligno-cellulosique et cristalline d'une fibre cellulosique [56]

2.2.2. La lignine

La lignine forme avec la cellulose et l'hémicellulose la grande majorité de la biomasse, elle est 2ème après la cellulose en termes d'abondance. Ses principales fonctions sont d'apporter de la rigidité, une imperméabilité à l'eau et une grande résistance à la décomposition (barrière de protection biologique). En plus, la lignine serait une sorte de stockage des déchets du végétal, en effet, nous retrouvons dans la lignine des composés phénoliques toxiques (sous forme libre) que le végétal a trouvé un moyen de les neutraliser et les stocker sous cette forme. Toutes les plantes vasculaires, ligneuses et herbacées, fabriquent de la lignine. Cette production est estimée d'à peu près 1 milliard de tonnes fabriquée par la nature chaque année [57]. Cette quantité n'a pas laissé les chercheurs et les industriels indifférents, au contraire ils entendent l'explorer et la valoriser, mais ces études sont constamment freinées par des problèmes divers, parmi lesquels : tout d'abord, pour son extraction et sa valorisation ultérieure, en effet, la tridimensionnalité de ce polymère nécessite une dégradation partielle, ce qui est difficile à contrôler. Deuxièmement, l'extrême

23

complexité de sa structure moléculaire qui ne peut être représentée que par des modèles « possibles » et qui peut varier avec les espèces végétales à partir de laquelle elle est extraite (Figure 12).

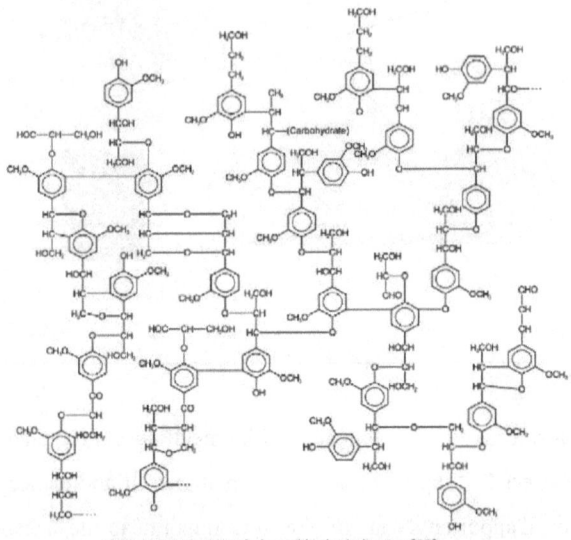

Figure 12. Structure de la molécule de lignine [58]

La structure complexe de la lignine comprenant de nombreuses fonctions phénoliques, hydroxyles et éthers, explique sa grande réactivité. Cependant, leur accessibilité est limitée par la conformation tridimensionnelle du réseau moléculaire mais aussi par la distribution de ce polymère parmi les autres constituants de la paroi cellulaire de la matière végétale.

A l'inverse de la cellulose, la lignine ne comporte pas de motifs répétitifs et possède une grande diversité de liaisons inter monomériques. La lignine est constituée de polymères de monolignols tridimensionnels amorphes possédant trois unités différentes de type phénylpropane (Figure13):

24

- L'alcool coumarylique , (unité H)
- L'alcool coniférylique, (unité G)
- L'alcool sinapylique, (unité S)

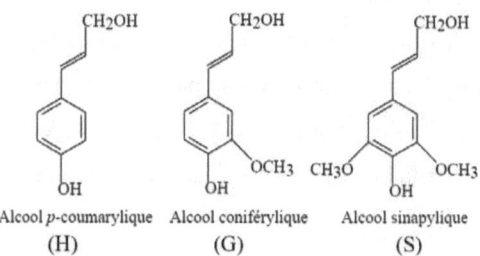

Figure 13. Monomères constitutifs de la lignine [59,60]

Cette matière naturelle abondante l'homme compte bien l'utiliser. Outre l'industrie textile et l'industrie de fabrication de la pate à papier et dans les procédés où l'objectif est de fournir des polysaccharides non-protégés, elle présente un intérêt dans de nombreuses applications :

De base valeur ajoutée [61,62]:

- Combustible, une fois brûlée fournissant plus d'énergie que la cellulose
- Additif dans le ciment, en particulier comme agent retardateur de prise du ciment
- Additif dans l'asphalte, en particulier à cause de ses caractéristiques anti-oxydantes
- Liant dans les aliments pour animaux pour plastifier et tenir les granulés
- Additif dans les pellets combustibles basés sur la biomasse [63]

De haute valeur ajoutée [61,62]:

- Matière première pour la production de vanilline (un aldéhyde aromatique naturel qui se développe dans les gousses de vanille et qui lui donne son odeur caractéristique)
- Composites (en particulier les composites à matrice lignine) [64]
- Liant macromoléculaire pour bois et panneaux durables (panneaux de fibres de moyenne densité, contreplaqué) et produits de design, impliquant la substitution partielle de résines phénol-formaldéhyde par des lignines modifiées
- La lignine dépolymérisée pour des produits chimiques à base aromatique (tels que les phénols
- Molécule plateforme pour faire des fibres de carbone, des conditionneurs de sol, des fertilisants azotés et des catalyseurs de fabrication de la pâte [65,66]
- Composant de matériaux polymères tels que film d'amidon, polymères conducteurs, polyuréthanes et thermoplastiques
- Photostabilisation et amélioration de la pâte de bois
- Stabilisateur UV et colorant [67,68]
- Tensioactif
- Matière première pour la production de synthons aromatiques [69]

Des produits commercialisés qui illustrent la valorisation de la lignine existent. La société canadienne Lignol par exemple produit de la lignine de haute pureté, comme un coproduit de l'éthanol, pour des applications comme résines d'encapsulation de cartes de circuit imprimé, antioxydants dans les caoutchoucs, additifs dans les aliments pour animaux superplastifiants ou tensioactifs renouvelables etc...[70]

Figure 14. Des articles en bioplastiques à base de lignine (Société Lignol) [70]

2.2.3. Les hémicelluloses

Les hémicelluloses représentent le 3ème composant principal juste après la cellulose et la lignine, avec une proportion en poids d'à peu près 25% de la biomasse. Elles constituent une famille très diversifiée de molécules, qui ont en commun avec la cellulose la liaison glycosidique β(1,4) et la position équatoriale de chaque résidu par rapport à ses voisins [71,72]. Toutefois, les chaînes latérales fixées sur le squelette sont plus courtes que dans la cellulose (quelques centaines de résidus), et sont constituées de monomères glucidiques variés, tels que, le xylose, le mannose, le galactose, le rhamnose et l'arabinose (Figures 15-19).

- **Les Xylanes :** sucres majoritaires de la chaîne principale D-Xyl, ils sont à leur tour divisés en sous groupes définis par la nature du sucre secondaire, nous distinguons les Arabinoxylanes, les Glucuronoarabinoxylanes et les Glucoxylanes. Ce sont des hémicelluloses majeures de la paroi primaire des monocotylédones, riches en acide férulique.

- **Les Mannanes et les Glucomannanes :** contenus dans la paroi secondaire, ils représentent le sucre principal de la chaîne principale D-Man, elles se divisent en : Glucomananes et Galactoglucomanases.

- **Les Galactanes :** composés exclusivement de monomère de galactose. Ils peuvent être linéaires ou bien ramifiés. Les galactanes sont utilisés dans l'industrie alimentaire comme additif alimentaire pour épaissir ou stabiliser les aliments. L'agar-agar est un galactane contenu dans la paroi cellulaire de certaines espèces d'algues rouges.

- **Les Glucanes :** abondants dans la paroi primaire des dicotylédones (20 à 30 % des hémicelluloses) et sucres majoritaires de la chaîne principale D-Glc, ils se divisent en 2 sous groupes : les Xyloglycanes (XylG) et les β-Glucanes (monocotylédones graminées) [73-77].

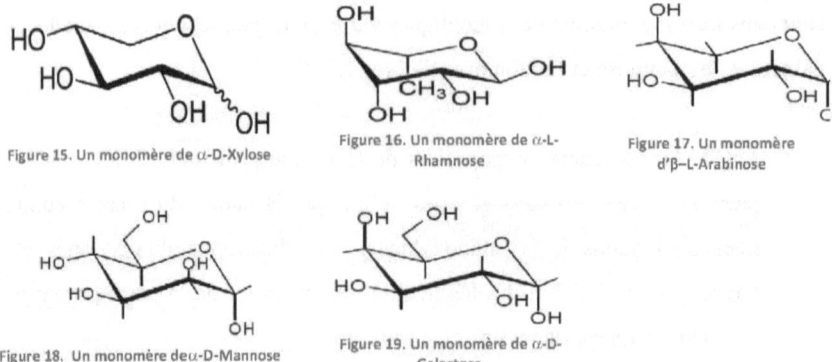

Figure 15. Un monomère de α-D-Xylose

Figure 16. Un monomère de α-L-Rhamnose

Figure 17. Un monomère d'β–L-Arabinose

Figure 18. Un monomère de α-D-Mannose

Figure 19. Un monomère de α-D-Galactose

Les hémicelluloses établissent des liaisons hydrogène avec les microfibrilles de cellulose (cette association est favorisée par la similarité structurale entre la cellulose et les hémicelluloses) mais relient également les autres composants assurant ainsi la cohésion de la paroi. Elles sont probablement engagées dans les liaisons covalentes avec les pectines et les extensines. Enfin, elles trouvent aussi des applications comme des additifs alimentaires (l'hydrolyse des hémicelluloses conduit à des sucres, principalement des pentoses), des plastiques (films et revêtements), des cosmétiques et des produits pharmaceutiques [78].

2.2.4. Les pectines

Les pectines sont présentes dans la lamelle moyenne et la paroi primaire des cellules, présentes avec de moindres quantités que la cellulose et la lignine mais qui restent un élément d'une importance significative. Comme les hémicelluloses, elles permettent de maintenir la cohésion entre les cellules des tissus végétaux où elles jouent le rôle de ciment intercellulaire, responsables de la rigidité et de la cohésion. Elles sont associées à d'autres composants chimiques membranaires (cellulose, hémicellulose, lignine) par des liaisons physiques et/ou chimiques.

Ce polysaccharide anionique linéaire est constitué majoritairement d'unités α-D-acide galacturonique joints en α (1-4) par une liaison glycosidique. Des molécules de L-rhamnose (1-4%) sont parfois introduites dans la chaîne en α(1-2) produisant des irrégularités. Plusieurs glucides neutres tels le galactose, le glucose, le rhamnose, l'arabinose et le xylose participent à sa structure par la formation de chaînes latérales. (Figure 20) [79,80].

La pectine contient environ 55-75% d'acide galacturonique méthyl-estérifié. Elle est dite « Hautement Méthylée » lorsqu'elle renferme plus de 50% d'esters sur ses groupements carboxyliques, et « Faiblement Méthylée » quand les esters sont moins de 50%. Le degré d'estérification (DE), défini comme le pourcentage d'acides galacturoniques méthyl-estérifiés, est une caractéristique importante de la pectine étant donné que c'est ce paramètre qui définit ses propriétés fonctionnelles [81].

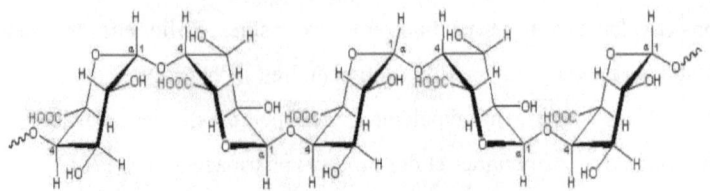

Figure 20. Représentation de la molécule de pectine

Parmi ses caractéristiques et intérêts chimiques, l'aptitude des pectines à la gélification, en effet, en solution elles entrainent une augmentation de viscosité ceci dépend de sa concentration, de son DE, du pH et de la concentration en solides totaux. Une forte proportion de fonction carboxyle dans un pH alcalin favorise la cohésion des molécules de pectine entre elles. Des chaînes peuvent ainsi se lier et les pectines forment alors un gel. De même qu'une augmentation de la méthylation couplée à une forte acidité favorise le relâchement de la pectine. Il existe différentes formes de pectines [82] :

- Les protopectines : sont des pectines insolubles dans l'eau
- Les acides pectiniques : ce sont des acides polygalacturoniques, partiellement ou entièrement estérifiés
- Les pectinates : ce sont des sels d'acide pectinique
- Les acides pectiques : qui sont essentiellement des acides polygalacturoniques non estérifiés
- Les pectates : ce sont les sels d'acide pectique

2.2.5. Les substances d'adcrustation

Les substances d'adcrustation sont des substances qui se situent à l'extérieur de la paroi végétale, elles ont pour rôle de minimiser les échanges d'eau et de gaz dans le but de protéger la plante. Parmi ces substances : les cires qui forment un dépôt sur ou dans la cuticule, on parle alors de cire supracuticulaire ou de cire intracuticulaire. Ce sont des esters d'acide gras et d'alcool gras à longue chaîne, autrement dit des cérides qui sont les constituants majeurs des cires (ruches d'abeilles, ...). Leur présence n'est pas constante sur les végétaux. Les cires sont totalement hydrophobes, et totalement imperméable à l'eau et aux gaz, limitant ainsi la transpiration des plantes. Autre type de ces substances : la cutine qui se dépose sur l'épiderme, formant un film protecteur, appelé la cuticule. La cutine correspond à l'assemblage d'hydroxyacides tels que l'acide palmitique, l'acide stéarique et l'acide oléique. Elle possède une structure en maillage tridimensionnel qui procure à la molécule une insolubilité dans les solvants hydrophobes, et ceci bien qu'elle soit constituée d'acide gras. La cuticule est légèrement perméable aux gaz et imperméable à l'eau, mais tout en restant mouillable. Elle permet ainsi de ralentir la transpiration des végétaux et de les préserver contre des pertes d'eau excessives. En temps sec le réseau se ressert, entraînant une imperméabilité totale [83].

Le Tableau 2 donne la composition chimique et les proportions en pourcentage de chaque substance (cellulose, lignine, hémicelluloses, pectine et cire) des fibres végétales les plus utilisées au monde [84-88].

Tableau 2. Composition chimique (en %) de différentes fibres végétales

Fibres	Cellulose	Hémicelluloses	Lignine	Pectine	Cire
Coton	85 - 90	5.7	0.7 - 1.6	0 - 1	0.6
Lin	71	18.6 - 20.6	2.2	2.3	1.7
Chanvre	70 - 74	17.9 - 22.4	3.7 - 5.7	0.9	0.8
Jute	61.1 - 71.5	13.6 - 20.4	12 - 13	0.2	0.5
Ramie	68.6 - 76.2	13.1 - 16.7	0.6 - 0.7	1.9	0.3
Sisal	66 - 78	10 - 14	10 - 14	10	2
Coco	32 - 43	0.15 - 0.25	40 - 45	3 - 4	-
Alfa	45	24	24	5	2

2.3. Propriétés des fibres végétales

L'attrait des fibres végétales et leur retour comme matériaux potentiels dans le secteur du textile et des composites sont dûs aux différents avantages qu'elles présentent. Bien entendu, l'effet de ces avantages varie d'une fibre à une autre et dépende de la composition chimique et physique, la structure, le pourcentage de cellulose, l'angle microfibrillaire, la section et le degré de polymérisation (Tableau 3) [89-93].

Tableau 3. Propriétés physiques de différentes fibres végétales

Fibres	Cellulose (%)	Angle microfibril. (°)	Diamètre (µm)	Longueur (mm)	Rapport L / d
Coton	85 - 90	33	19	35	1842
Lin	71	10	5 - 76	4 - 77	1687
Chanvre	70 - 74	6.2	10 - 51	5 - 55	960
Jute	61.1 - 71.5	8	25 - 200	9 - 70	110
Ramie	68.6 - 76.2	7.5	16 - 126	40 - 250	3500
Sisal	66 - 78	20	7 - 47	0.8 - 8	100
Coco	32 - 43	45	12 - 24	0.3 - 1	35
Alfa	45	-	5 - 95	5 -50	1964

Parmi ces avantages, on peut citer [94] :

- Leur biodégradabilité

- Leur faible densité (allégement)
- Leur renouvelabilité
- Leurs bonnes propriétés mécaniques spécifiques (rapportées à leur densité et à leur section) (Tableau 4)
- Leurs bonnes propriétés d'isolation acoustique et d'inertie thermique
- L'absence de résidus après incinération
- Un bilan carbone faible
- Une hydrophilie (propriétés d'absorption/désorption d'eau)
- Un faible comportement abrasif

Cependant, malgré ces nombreux avantages, les fibres végétales présentent certaines limites à leur utilisation, telles que [94]:

- Une faible stabilité dimensionnelle
- Une faible tenue thermique (dégradation à 200° - 230°C)
- Une variabilité de propriétés assez importante selon l'âge, le lieu de croissance, le climat, la direction (anisotropie) et même d'une fibre à une autre appartenant au même lot
- Pour certaines applications, l'hydrophilie et la biodegrabilité peuvent être des freins
- Une dépendance de la récolte (point de vue qualitatif et quantitatif)

Tableau 4. Propriétés mécaniques en traction de quelques fibres végétales [94-99]

Fibres	E (GPa)	All (%)	σ(MPa)	Densité
Coton	5,5 - 12,6	7 - 8	287 - 597	1,5 - 1,6

Lin	58	3,27	1339	1,53
Chanvre	35	1,6	389	1,07
Jute	26,5	1,5 - 1,8	393 - 773	1,44
Ramie	61,4 - 128	1,2 - 3,8	400 - 938	1,56
Sisal	9 - 21	3 - 7	350 - 700	1,45
Coco	4 - 6	15 - 40	131 - 175	1,15
Alfa	12.7	1.6	75 - 154	1.51

2.4. Classification des fibres végétales

Nous pouvons subdiviser les fibres végétales en 5 groupes selon leur origine (Figure 21).

Les fibres provenant des poils séminaux de graines (coton, kapok), les fibres libériennes extraites de liber de plantes (lin, chanvre, jute, ramie), les fibres extraites de feuilles (sisal, abaca), d'enveloppes de fruits (noix de coco) ou les fibres dures extraites des tiges de plantes.

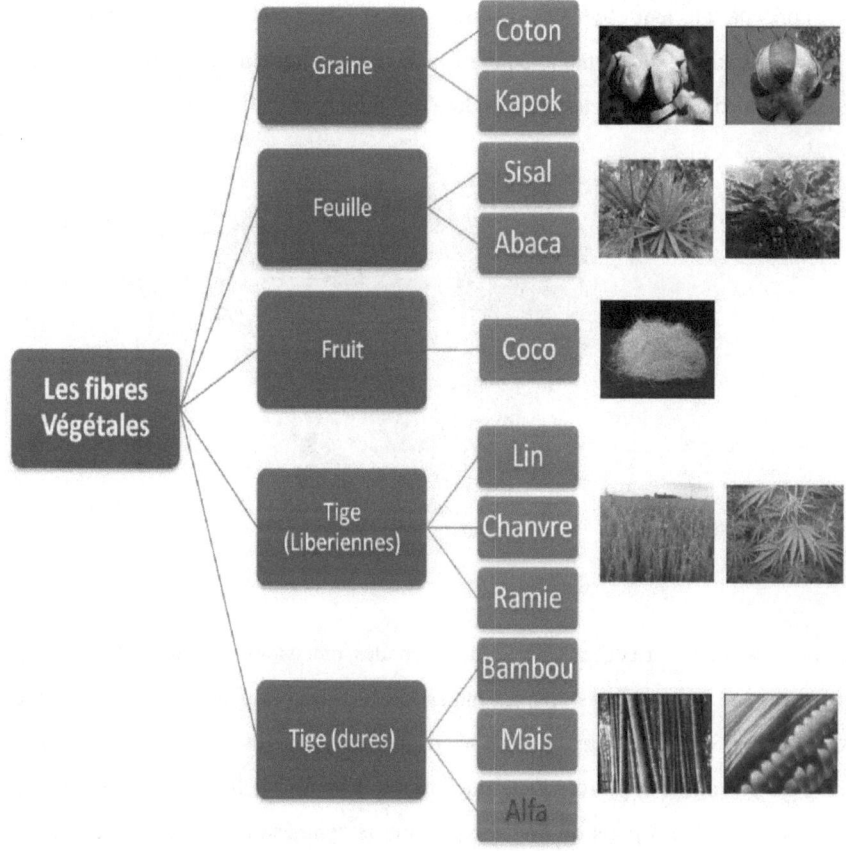

Figure 21. Classification des fibres végétales selon l'origine [4]

2.5. Développement durable

Par définition, *le Développement Durable* est présenté comme « *un développement qui assure les besoins du présent sans compromettre la capacité des générations futures à satisfaire les leurs* » [100]. Les fibres végétales répondent parfaitement à ce concept et leur industrie avance selon des pratiques respectueuses de l'environnement, socialement équitables et économiquement viables, comme le souhaite la charte du développement durable (Figure 22).

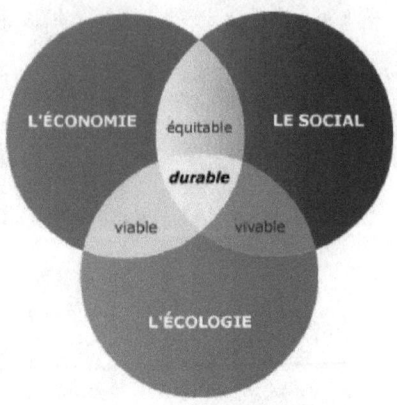

Figure 22. Les 3 piliers du développement durable [101]

Donc c'est dans un contexte de diminution des émissions de gaz à effet de serre pour les pays industrialisés, que les matériaux bio-sourcés et en particulier les fibres végétales présentent un grand nombre d'intérêts permettant d'allier performances environnementales et performances techniques. En effet, le lin et le chanvre peuvent être assimilés à des puits de carbone puisque la synthèse de leur squelette carboné capte le CO_2 atmosphérique pour produire, via la photosynthèse, des sucres, blocs élémentaires de leur squelette. Ces cultures ne demandent pas un travail important de préparation du sol, ni d'apport complémentaire en eau. Seulement un faible apport d'azote est requis pour certaines plantes. De plus, ces cultures permettent de rompre le cycle de développement des maladies et des ravageurs et de lutter naturellement contre le développement des mauvaises herbes. Ainsi, le bilan environnemental des cultures est très positif

De point de vue économique, ces matériaux permettent d'explorer de nouveaux marchés et de développer d'autres. Les autres fibres végétales, par exemple le lin, le chanvre ou le miscanthus, peuvent être transformées en matériau. Les opportunités sont réelles, notamment dans les secteurs des sports et du transport, deux secteurs à la recherche de matériaux légers et résistants. Outre les fibres, d'autres composantes peuvent également être extraites et transformées pour différents usages industriels. Elles permettent ainsi, d'accroitre la productivité et, par la suite, la compétitivité mondiale et de réduire les coûts.

Enfin, toutes ces actions économiques et environnementales vont à leur tour développer le volet social, par la création des emplois, la réduction de l'écart Sud / Nord mais aussi par l'encouragement à l'insertion des individus dans la chaîne économique et l'amélioration de leurs conditions de vie (santé, éducation, habitat...).

3. La fibre d'Alfa

3.1. Présentation générale

L'Alfa est une herbe vivace typiquement méditerranéenne, elle pousse en touffes d'environ 1m à 1m20 de haut formant ainsi de vastes nappes. Elle pousse spontanément notamment dans les milieux arides et semi arides, elle délimite le désert, là où l'Alfa s'arrête, le désert commence (Figure 23) [102].

3.1.1. Nomenclature et classification botanique

Nom vulgaire: L'alfa, en anglais Esparto
Nom scientifique: Stipa tenacissima L.
Classification [103]:

Règne:	Plantae
Sous règne :	Tracheobionta
Super Division :	Spermatophyta
Division:	Magnoliophyta
Classe:	Liliopsida
Ordre:	Poales
Famille:	Poaceae
Genre:	Stipa L.
Espèce:	Stipa tenacissima L.

3.1.2. Répartition géographique

Par ailleurs, c'est l'une des espèces xérophiles qui caractérise le mieux les milieux arides méditerranéens à l'exclusion des secteurs désertiques. Sa terre d'élection est l'Afrique du Nord, et tout particulièrement les hauts plateaux du Maroc et de l'Algérie. Mais cette espèce est présente aussi en Espagne, au Portugal, aux Baléares, et elle s'étend vers l'est jusqu'en Égypte en passant par la Tunisie et la Libye. En France, elle serait présente uniquement dans le département du Var. Au sud et à l'est, la limite naturelle de l'Alfa est déterminée par la sécheresse en bordure du Sahara. En revanche, au nord et à l'ouest, c'est l'humidité croissante du climat qui l'élimine de la flore, elle est beaucoup plus rare dans les étages subhumide et surtout humide [104-106]. La répartition territoriale connue à ce jour est estimée à [107] :

- Algérie: 4.000.000 ha
- Maroc: 3.186.000 ha
- Tunisie: 600.000 ha

- Lybie: 350.000 ha
- Espagne: 300.000 ha

Figure 23. Illustrations de la plante d'Alfa à l'état brut

3.1.3. Etude botanique

La plante d'Alfa comprend une partie souterraine et une autre aérienne. La partie souterraine, appelée le Rhizome, est formée d'un réseau complexe de racines très ramifiées de 2 mm de diamètre environ et profondes de 30 à 50 cm, qui se terminent par les jeunes pousses (Figure 24).

La partie aérienne est constituée de plusieurs branches portant des gaines emboitées les unes dans les autres, surmontées de limbes longs de 30 à 120 cm. La face inférieure des limbes est légèrement brillante, la face supérieure porte de fortes nervures. L'une et l'autre sont recouvertes d'une cire isolante qui permet à la plante de résister à la sécheresse [108].

La tige est creuse et cylindrique, et régulièrement interrompue au niveau du nœud par des enchevêtrements des faisceaux. Au même niveau, se trouvent des bourgeons qui donneront naissance soit à un entre-nœud, soit à une tige, ou reste sous la forme d'une réserve qui entrera en activité lorsque la souche sera épuisée.

Les feuilles sont cylindriques, très tenaces, longues de 50 à 60 centimètres. La fleur est protégée par deux glumes de longueur égale. La glumelle supérieure semble partiellement séparée en 2 parties et la glumelle inférieure est plus fine. Généralement, les fleurs apparaissent vers la fin avril début mai et sont de couleur verte. Le fruit est un caryopse (une sorte de grain) qui mesure 5 à 6 mm de longueur. Sa partie supérieure est brune et porte souvent des traces desséchées.

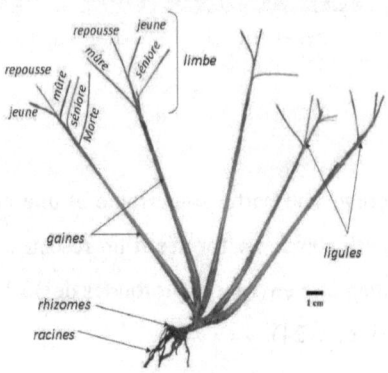

Figure 24. Morphologie de la plante d'Alfa

La floraison a lieu à partir de la fin du printemps et durant tout l'été. Cette espèce est hermaphrodite (présentant les 2 sexes sur la même fleur). La pollinisation se fait de manière entomogame c'est-à-dire que le pollen est véhiculé par des insectes, et la dissémination des graines se fait par anémochorie (le mode de dispersion des graines des végétaux se faisant grâce au vent) [109-113].

3.2. La récolte de l'Alfa

L'Alfa se récolte après la maturation des graines, c'est-a-dire, à partir de juillet-août. La récolte commence par l'enlèvement des feuilles uniquement à la main, par arrachage, suivant la pratique adoptée depuis toujours, soit en enroulant les feuilles autour d'un bâton court, soit en se garnissant la main d'une tige de métal. Le javeleur saisit une poignée d'Alfa, l'enroule autour d'une tige métallique pour assurer sa prise et tire brusquement. Avec son pied il retient les racines pour les empêcher d'être arrachées en même temps que les feuilles. Celles-ci sont liées en petites balles avec une tresse d'Alfa. Puis ces petites balles sont pressées pour constituer les grosses balles qui seront envoyées au centre de collecte. Ensuite, l'Alfa pesée sera stockée dans ces centres avant d'être transférée à l'usine, pour en extraire la pâte à papier en particulier (Figure 25).

Aujourd'hui, il serait possible de mécaniser la récolte d'alfa, cependant, la voie de la mécanisation n'a pas été suivie, car d'un coté, la récolte manuelle fournit un revenu à quelques milliers de cueilleurs, et d'autre part, comme c'est une activité saisonnière, cela ne serait pas économiquement rentable, en plus de la difficulté d'accès et la topographie particulière des nappes alfatières.

Figure 25. Les différentes étapes de la récolte de l'Alfa (a) l'arrachement, (b) la collecte et (c) la mise en balle

3.3. Domaines d'applications

Les applications de l'Alfa sont multiples et diversifiées, et peuvent être classées en 2 catégories selon la nature de la matière :

❖ **Les tiges de l'Alfa :**

- *Applications artisanales :* Ces tiges, une fois filées ou tressées, s'emploient pour la fabrication de cordages et d'objets de sparterie (tels que : des tapis, des paniers, des paillassons, des plateaux, des ficelles …). L'utilisation artisanale par les riverains qui habitent dans les régions alfatières peut être évaluée à 50 kg/ménage/an (Figure 26).

- *Pâturage :* Les nappes alfatières constituent un espace pastoral de réserve tant pour le bétail (bœufs, moutons, chameaux…) que pour la faune sauvage (gazelle…). Du fait qu'elle est relativement délaissée par les animaux en présence d'autres ressources pastorales plus appétentes, vu sa faible valeur alimentaire, elle constitue un énorme stock qui permet la survie des animaux pendant les années de disette.

- *Combustible :* Le pouvoir calorifique supérieur de l'alfa varie de 4666 Kcal/kg pour les brins de 1 an et de 5160 et 5163 Kcal/kg pour les brins âgés de 2 ans et de 3 ans respectivement, ce qui lui confère un usage énergétique important sous forme de briquettes combustibles en remplacement ou d'appoint au bois de feu [107].

42

Figure 26. Des exemples d'artisanat Alfatière (des paniers, des paillassons, des espadrilles...)

❖ **Les fibres de l'Alfa:**

▪ *La pâte à papier :* A la fin du 19ème siècle, le papier d'Alfa est apparu, c'est un papier de bonne qualité qui met bien en évidence la valorisation de cette plante et lui donne une grande importance économique. La pâte à papier représente la branche qui consomme le plus d'Alfa (la Société Nationale de Cellulose et de Papier Alfa (SNCPA – Tunisie) produit 25.000 tonnes de papier et 12.000 tonnes de pâte par an) (Figure 27) [114]. Cette pâte est essentiellement utilisée dans la fabrication du papier noble usage, du papier cigarette, du papier filtre et du papier condensateur (diélectrique).

▪ *Non tissés :* Des travaux ont été effectués afin de remplacer des fibres de verre et de carbone, qui ont un coût élevé influençant le prix de revient du produit fini. Les non tissés sont utilisés comme couche de renfort pour des emboitures dans le domaine orthopédique par exemple [115].

- **Composites :** Analogiquement, des études ont été réalisées pour développer des composites à base de fibres d'Alfa dans une matrice de polypropylène, de polyester ou de PVC. Ce recours aux fibres naturelles se produit de plus en plus de nos jours afin de réaliser des composites biodégradables avec des bonnes performances mécaniques et acoustiques et avec moins d'impact sur l'environnement. Mais ce type d'application connait quelques difficultés pour la mise en œuvre telles que des problèmes de cohésion avec la matrice utilisée [10-11].

Par ailleurs, la feuille d'Alfa fournit également des sous-produits puisqu'elle possède des acides gras insaturés, notamment l'acide oléique et l'acide linoléique, pouvant être valorisés dans le domaine diététique et des cires utilisées pour les cosmétiques.

Malgré cette diversité d'utilisations, l'Alfa n'est donc utilisée qu'à son état primitif (des tiges) ou bien en fibres très courtes n'ayant aucune performance mécanique (composites et non tissés) ou encore sous forme de pâte. C'est alors dans ce cadre que se situe notre travail qui va consister à extraire les fibres techniques avec une longueur et des propriétés mécaniques suffisantes pour être transformées en fils.

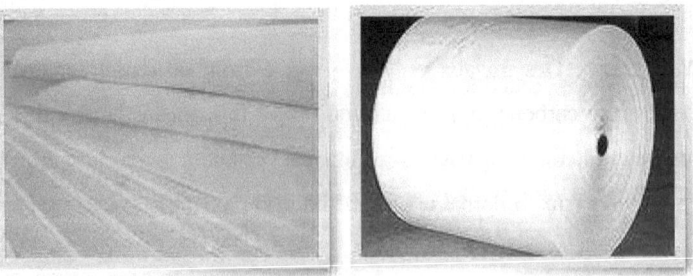

Figure 27. Illustrations de la pâte d'Alfa commercialisée par la SNCPA

3.4. Intérêt écologique et enjeu socio-économique

Cette espèce aux vertus écologiques, économiques et sociales occupe une place très importante dans les pays producteurs et notamment chez les populations qui vivent aux alentours de ces exploitations.

3.4.1. Intérêt écologique

L'Alfa joue un rôle fondamental dans la protection et le maintien de l'intégrité écologique de tout l'écosystème. En effet, elle joue un rôle important dans la lutte contre le phénomène de désertification, elle est considérée comme l'un des remparts face à l'avancée du désert grâce à son système racinaire très développé qui permet la fixation et la protection du sol. Elle permet aussi d'éviter l'érosion éolienne durant les périodes sèches grâce à son aptitude de persister durant les périodes de sécheresse en maintenant une activité physiologique au ralenti. Elle lutte également contre l'érosion pluviale, les touffes d'Alfa constituent des barrages qui freinent le ruissellement.

De plus, cette plante ne nécessite pas une grande quantité d'eau pour survivre, elle est présente dans des aires où les précipitations annuelles se situent entre 50 et 150 mm). Elle utilise ainsi chaque goutte d'eau mise à sa disposition.

Finalement, l'Alfa pousse spontanément sans avoir recours aux pesticides ni insecticides ni engrais, en tout respect et harmonie avec son environnement.

3.4.2. Enjeu socio-économique

Cette graminée pérenne présente un intérêt économique certain puisqu'elle entre dans des utilisations à des fins industrielles, cités précédemment, comme la pâte à papier, l'artisanat et les composites biodégradables. Le chiffre d'affaires annuel de la SNCPA est de 30 Millions d'Euros. Actuellement, dans les régions Alfatières marocaines, quelques 41.521 foyers d'éleveurs vivent plus ou moins directement des produits de l'Alfa, et environ 5000 en Tunisie [107] [116].

3.5. Les menaces et les contraintes

Face à cette ressource abondante et tous les avantages qu'elle présente, l'Alfa a interpellé l'attention des industriels et a suscité leur intérêt. Vu l'enjeu économique énorme qu'elle représente, son exploitation a explosé et a été faite de façon intensive et souvent exagérée autour des agglomérations et centres de collecte ce qui a, tout naturellement, engendré la régression de la nappe dans ces endroits. La disparition d'une telle espèce risque d'avoir des conséquences dramatiques sur l'équilibre écologique de l'ensemble de l'écosystème.

Bien que cette plante contribue à l'amélioration des recettes forestières et des régions reculées du pays, et apporte un revenu complémentaire aux populations de ces régions confrontées à des conditions climatiques rudes, elle a peu tenté la curiosité scientifique des chercheurs qui se sont concentrés surtout à l'étude botanique et géographique et les modes d'exploitation afin de tirer la meilleure partie d'elle. Et ce n'est que récemment, que les scientifiques ont commencé à étudier les possibilités de valorisation et des débouchés technologiques qui peuvent être tirés. Les principales contraintes peuvent être résumées comme suit [107] [110] [117]:

- La régression alarmante des surfaces d'exploitation ces dernières années à cause, d'une part, le surpâturage et l'exploitation intensive, et d'un sérieux problème de régénération naturelle d'autre part.

- Les méthodes de cueillettes ne sont ni évaluées ni optimisées
- Le manque important d'études et recherches pour la valorisation
- Le manque des débouchés commerciaux
- Manque de maitrise de la régénération et des productivités
- Malgré l'existence de disposition législatives pour réglementer l'exploitation, leur application et les contrôles se font très rares voire inexistants.

Chapitre II Etude bibliographique sur les méthodes d'extraction

Comme évoqué précédemment dans ce manuscrit, l'Alfa est souvent utilisée sous forme de pâte à papier ou bien à l'état pure, donc, l'extraction des fibres d'Alfa est une notion récente qui est limitée à une pratique traditionnelle : l'extraction à l'eau de mer et à une autre méthode chimique à la soude avec des faibles concentrations pour ne pas dégrader la cellulose, mais là aussi, il s'est avéré qu'il y avait plusieurs paramètres à contrôler simultanément, d'où la difficulté de la tâche. En plus, selon l'application finale de ces fibres extraites, les chercheurs essayent d'optimiser ces paramètres de la façon la plus adéquate, en conséquence, il existe une multitude de méthodes d'extraction de fibres cellulosiques, cependant, aucune n'est distinctement appliquée pour les fibres d'Alfa. Dans cette partie, nous allons présenter les méthodes de séparation connues, et dans le prochain chapitre (partie expérimentale) nous exposons la méthode retenue et nous expliquons le protocole suivi.

1. L'extraction mécanique

1.1. Le teillage

Cette méthode consiste à séparer le bois (le casser) des tiges par action mécanique : broyage et battage. Cette technique est plutôt utilisée pour extraire les fibres de lin ou de chanvre, les tiges sont prises par leurs extrémités et insérées dans le tilleul ou l'écang (instrument manuel à levier) si l'opération est manuelle. Les tiges sont battues pour enlever le bois, et cette opération est répétée jusqu'à ce que les fibres soient le plus souples possible. Les morceaux de bois récupérés sont appelés les «anas». Cette méthode ancestrale a été toujours effectuée manuellement, avant de laisser la place aux machines, nous retrouvons aujourd'hui des systèmes complètement automatisés qui engagent, maintiennent et dégagent automatiquement les tiges sans aucune intervention humaine grâce à des systèmes de roues cannelées à grosses dentures au début puis à plus fines denture (Figure 28). Par la suite, elles passent sous la cannelure des rouleaux avec un angle proche de 90° pour rendre le broyage plus efficace. L'opération est effectuée successivement côté pied et côté tête. Les fibres courtes appelées aussi étoupes, moins résistantes, et les anas sont récupérées par aspiration et séparées [118,119].

Cette technique est améliorée si les tiges au départ son dures et sèches, d'où la nécessité d'une étape préliminaire qui consiste à chauffer les tiges dans un four ou par un fumage. Enfin, pour donner aux fibres obtenues un meilleur aspect, les faisceaux de fibres sont divisés et parallélisés par une opération de peignage et séparées selon leur longueur.

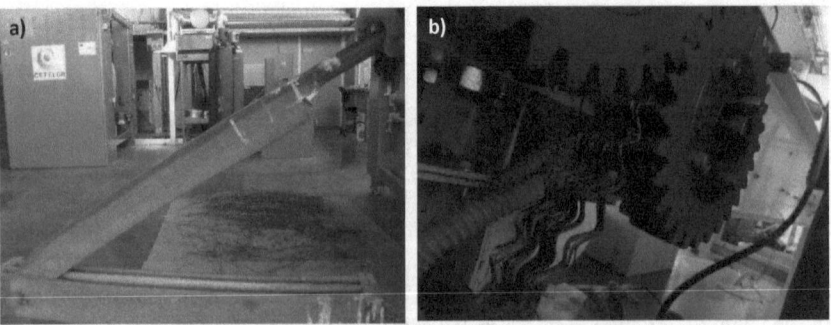

Figure 28. Ecang pour teillage manuel (a) cylindres cannelées pour teillage mécanique (b)

1.2. Par déflexion

L'extraction des fibres se fait par action combinée de grattage et de battage, les machines appelées «raspadors» (grattoir en langue espagnole) râpent les feuilles de la plante et libèrent les fibres. Ces machines principalement constituées par un axe rotatif entrainé par un moteur, sur lequel des supports maintiennent des batteurs en acier ont été fixés. Les tiges insérées en amont de la machines, sont prises entre ces batteurs et une table à ciseaux, râpées et guidées vers le coté opposé. La poudre et le bois passent à travers des cribles. La distance qui sépare les lames est réglable en fonction du lot (Figure 29) [120].

1.3. Par laminage

Les tiges sont découpées en morceaux qui sont ensuite écrasés sous presse ou par laminage ou encore par combinaison des 2 traitements. Ceci est effectué plusieurs fois de suite jusqu'à ce que les fibres soient le plus possible séparées [121].

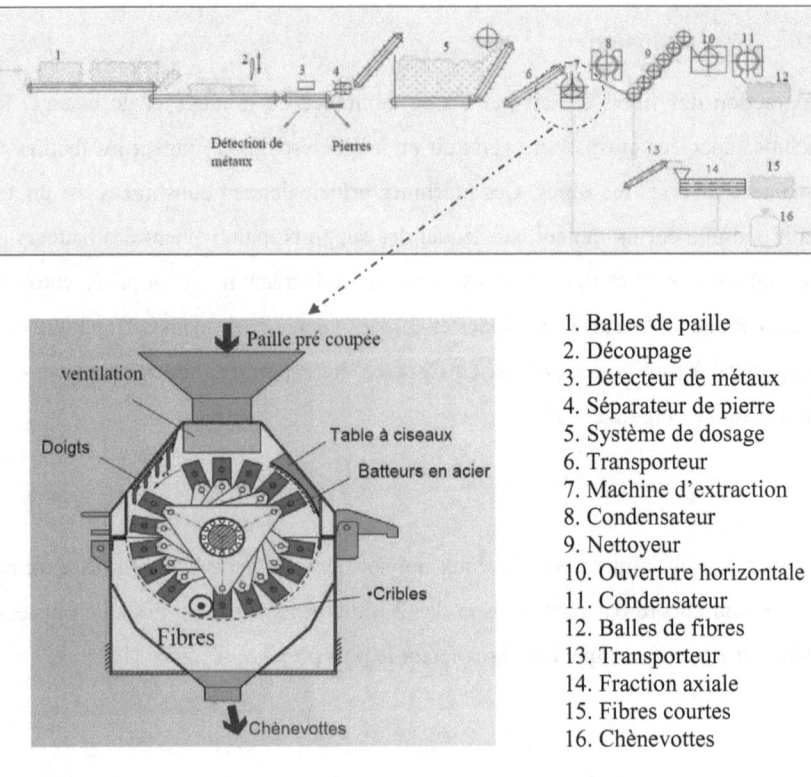

1. Balles de paille
2. Découpage
3. Détecteur de métaux
4. Séparateur de pierre
5. Système de dosage
6. Transporteur
7. Machine d'extraction
8. Condensateur
9. Nettoyeur
10. Ouverture horizontale
11. Condensateur
12. Balles de fibres
13. Transporteur
14. Fraction axiale
15. Fibres courtes
16. Chènevottes

Figure 29. Ligne automatique d'extraction de fibres végétales et son système de grattage (en bas) développée par la société ATB [122,123]

1.4. Par explosion à la vapeur

L'explosion à la vapeur connue également sous l'appellation anglaise « Steam explosion » parue en 1924 est un procédé thermomécanochimique qui permet la déstructuration de la matière lignocellulosique par l'action combinée de la chaleur issue de la vapeur, des hydrolyses induites par la formation d'acides organiques et du cisaillement résultant de la chute brutale de pression [124,125]. Le procédé est composé de deux phases distinctes:

- Le vapocraquage: cette 1ère phase consiste à faire pénétrer la vapeur sous haute pression par diffusion à l'intérieur de la structure du matériau. La vapeur va ainsi se condenser et en présence d'une haute température va initier l'hydrolyse des groupements acétylés et méthylglucuroniques contenus dans les xylanes et dans certaines fractions galactomannanes. Les acides organiques libérés augmentent l'acidité du milieu et catalysent la dépolymérisation de la lignine [126].

- La décompression explosive: cette 2ème phase consiste à une chute brutale de pression ce qui va provoquer la vaporisation d'une partie de l'eau présente dans le matériau. Cette expansion brutale de la vapeur d'eau va créer des forces de cisaillement assez importantes pour réussir un éclatement mécanique dans la structure du matériau.

Ces actions combinées vont, selon les conditions, modifier les propriétés physiques du matériau (surface spécifique, rétention d'eau, coloration, taux de cristallinité de la fraction cellulosique,…), améliorer l'hydrolyse des fractions hémicellulosiques et induire des modifications dans la structure des lignines, ce qui facilite leur extraction. Le schéma de principe de la ligne d'explosion à la vapeur est composé d'un générateur de vapeur qui alimente un réacteur, celui-ci sera soumis à une dépressurisation brutale. Lors de la dépressurisation, la matière est éjectée du réacteur et est récupérée au niveau d'un éclateur (Figure 30) [127].

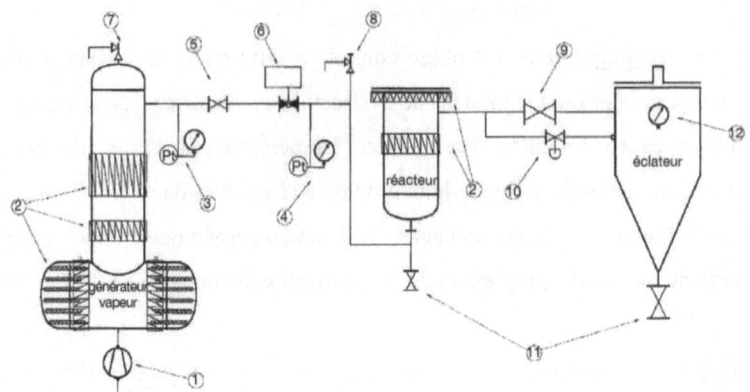

Figure 30. Schéma général d'une installation de Steam explosion [127]

1 : pompe haute pression

2 : colliers chauffants

3 : mesure de pression et de température du générateur

4 : mesure de pression et de température du réacteur

5 : vanne d'isolement

6 : vanne de mise en charge

7 : soupape de sécurité du générateur

8 : soupape de sécurité du réacteur

9 : vanne d'éclatement

10 : vanne de purge lente

11 : vannes de récupération des produits

12 : manomètre éclateur

Tous ces procédés d'extraction mécanique souffrent de deux problèmes majeurs. Le premier réside au niveau du risque élevé de chute de propriétés mécaniques des fibres suite aux sollicitations mécaniques qui peuvent être agressives et altérer les caractéristiques intrinsèques de fibre et ceci quel que soit le mode de séparation suivi. Le deuxième étant le prix élevé des lignes d'extraction et leur encombrement, ce qui n'est pas toujours rentable quand il s'agit de petites productions. Selon une étude faite par ATB (Agrartechnik Bornim – Allemagne), le seuil de rendement est estimé à 3 tonnes/heure.

2. L'extraction chimique

Plusieurs méthodes basées sur la séparation chimique de la cellulose des autres composants non cellulosiques existent dans la bibliographie. Elles permettent d'éviter les inconvénients de l'extraction mécanique, et surtout un gain de temps et d'énergie considérables. Dans cette section, nous présentons les principales méthodes d'extraction chimique des fibres végétales [120].

2.1. Procédé Kraft

Ce procédé alcalin visant à éliminer la lignine, les pectines et les hémicelluloses sous l'action d'une solution d'Hydroxyde de Sodium (NaOH) et de Sulfure de Sodium (Na_2S), ce dernier est un réducteur, il protège la cellulose et évite son oxydation. La température de cuisson est comprise entre 170° et 175°C pour une durée de 2 à 4 heures. Lors de la cuisson, le sulfure de sodium est hydrolysé en soude, en NaHS et en H_2S. Les différents composés soufrés présents réagissent avec la lignine pour donner des thiolignines plus facilement solubles. La soude joue aussi un rôle de délignification qui s'associe à celui du sulfure et de ses dérivés. La liqueur appliquée au matériau est appelée liqueur blanche. La liqueur extraite du réacteur contenant les composés éliminés de la paroi est appelée liqueur noire.

2.2. Procédé au bisulfite

Le procédé au bisulfite permet de séparer la lignine des fibres de cellulose en utilisant divers sels de l'acide sulfureux. Les sels utilisés dans le processus de réduction sont en fonction du pH: des sulfites (SO_3^{2-}) ou bisulfites (HSO_3^{-}). Il est basé sur la réaction sur la lignine de l'hydrogénosulfite de calcium, sodium, ammonium ou magnésium contenant de l'anhydride sulfureux libre. L'anhydride sulfureux est préparé par combustion à partir du soufre dans un excès d'air. Le bisulfite est directement obtenu par réaction de l'anhydride sulfureux. Le pH est situé entre 1.5 et 5 (sulfites ou bisulfites), la durée est entre 4 et 14 heures et la température de 130° jusqu'à 160°C qui sont aussi en fonction de la base utilisée.

2.3. Procédé acide

Les composants non cellulosiques sont éliminés par l'action d'un acide de préférence fort tel que l'acide sulfurique qui transforme la lignine en acide lignosulfonique soluble, ou l'acide chlorhydrique qui, grâce à ses ions chlorates, forme des chlorolignines solubles dans l'hydroxyde de sodium.

2.4. Procédé Soude-Anthraquinone

Le procédé Soude-Anthraquinone ou Kraft-Anthraquinone utilise un catalyseur tel que les composés quinoniques dont fait partie l'anthraquinone. De ce fait, le temps de cuisson peut être réduit et le rendement en pâte augmenté. Les propriétés de ces pâtes sont comparables à celles des pâtes kraft. L'indice kappa est comparable à celui des pâtes kraft. L'effet de l'anthraquinone est plus marqué sur le procédé à la soude (procédé n'utilisant que la soude comme agent de délignification).

2.5. Procédé à la soude

Ce procédé n'utilise que la soude NaOH pour dissoudre les subsistances non cellulosiques telles que la lignine, la pectine et l'hémicellulose, ainsi que les différents constituants formant la réserve et la paroi extérieure de la tige de plante. La température, la pression, la concentration et la durée du traitement sont à définir en fonction du lot, l'âge et le type de la plante de telle façon à ne pas dégrader les fibres cellulosiques. Il est conseillé de contrôler le pH de la solution et l'ajuster autour de 7. Des réducteurs peuvent être rajoutés pour empêcher l'oxydation de la cellulose.

2.6. Procédé au sulfate neutre de sodium

Les fibres sont extraites à l'aide d'une solution de sulfate de sodium avec de carbonate de sodium à une température de 170° à 180°C sous pression (en autoclave). Les substances ligneuses sont ainsi délignifiées, sulfonées et dépolymérisées et les hémicelluloses sont dissoutes, les fibres cellulosiques sont alors libérées.

3. L'extraction biologique

3.1. Le rouissage à terre

Le rouissage est un procédé naturel destiné à favoriser l'extraction des fibres, il consiste à étaler les tiges (de lin par exemple) dans un champ après sa récolte, afin de bénéficier de l'action combinée du soleil et de la pluie ce qui va favoriser le développement de micro-organismes capables de dissocier les éléments non cellulosiques de la partie fibreuse de la plante par élimination des liaisons qui les relient ensemble. Cette opération peut durer 6 à 8 semaines en fonction de la météo. Malgré l'efficacité de cette méthode, elle connait plusieurs handicaps qui résident dans sa dépendance entière des conditions météorologiques, le moindre problème tel qu'un excès d'humidité ou un manque peut affecter directement la qualité des fibres obtenues. En effet si les tiges sont trop rouies, elles doivent être brulées obligatoirement car elles pourrissent difficilement et lentement, et favorisent ainsi l'éclosion de maladies pour la culture suivante. Si la récolte n'est pas assez rouie, elle n'est pas transformable, et donc invendable. Un autre paramètre difficile à contrôler et qui nécessite un bon dosage, c'est le vent qui peut être à la fois un ennemi et un allié lors du rouissage. Quand il souffle trop fort, les tiges sont emportées vers l'extrémité du champ, mais il est nécessaire au séchage, c'est donc l'alternance des périodes de sec et d'humidité avec un vent léger qui favorise un bon rouissage. Une autre difficulté de ce procédé est sa durée très longue. Donc le rouissage à l'air est un procédé efficace si la météo est bonne mais qui reste très lent, par conséquence, c'est un procédé aléatoire [34] [128].

3.2. Le rouissage à l'eau

Ce type de rouissage repose sur le même principe de développement de micro-organismes que le rouissage à l'air, la différence est que les tiges (de chanvre par exemple) sont plongées dans l'eau pendant plusieurs jours. Les bottes de 5 à 7 Kg sont soumises à l'action de bactéries anaérobies. Dès que les fibres se détachent sur toute la longueur, la plante est sortie de l'eau pour être séchée. Cette technique donne des résultats moins aléatoires que la première mais elle présente un handicap majeur : la pollution de l'eau. En effet, le rouissage du lin et du chanvre très répandu au nord de l'Europe (France, Belgique, Pays Bas) s'effectuait traditionnellement en rivière avant qu'il soit interdit au début du 20ème siècle pour des raisons environnementales, à cause de la décomposition bactérienne des bottes trempées au fond des rivières. L'eau devenait d'une couleur rousse et des nuisances olfactives gênaient les riverains, la Lys par exemple était très réputée. Le rouissage à l'eau est effectué ensuite en cuve, dans de l'eau tempérée (37°C) jusqu'à ce que les fibres soient délignifiées et non adhérentes. Cette technique est en régression continue, au profit du rouissage à terre.

3.3. Par action microbienne

3 groupes d'agents microbiens sont capables de dégrader les composants non cellulosiques présents dans les tiges ou les feuilles des plantes : les bactéries, les protozoaires et les champignons.

Dans la première catégorie de bactéries, il existe trois espèces, une qui possède une activité dépolymérase et une autre glycosidasique capables d'hydrolyser la chaine principale et de couper les chaines latérales en utilisant les oligosaccharides et les oses libérés. La deuxième possède uniquement une activité dépolymérase mais incapable d'utiliser les produits d'hydrolyse des hémicelluloses. Enfin la troisième, qui possède des activités glycosidasiques mais dépourvue d'activité dépolymérase.

Plusieurs espèces des protozoaires sont capables de dépolymériser les hémicelluloses, ainsi que pour les substances pectiques, mais elles n'ont qu'une capacité limitée à utiliser les produits d'hydrolyse comme source d'énergie.

Concernant les champignons, ils sont capables de dépolymériser les hémicelluloses et d'utiliser les oligosaccharides et les oses libérés, et de solubiliser partiellement la lignine. Cependant, elles ne peuvent pas dépolymériser les pectines [120].

Chapitre

III

Partie expérimentale :
Etude du potentiel
textile des fibres d'Alfa
(Stipa Tenacissima L.)

Après l'étude des fibres textiles en général et les fibres végétales en particulier avec un focus sur la plante d'Alfa, nous avons exposé les méthodes d'extraction des fibres végétales utilisées de nos jours. Dans ce chapitre, nous allons décrire le protocole expérimental que nous avons retenu pour l'extraction des fibres d'Alfa et la démarche suivie. En effet, dans la section précédente, nous avons mentionné que l'on peut mettre en œuvre trois procédés différents d'extraction de fibres cellulosiques ; il s'agit de procédés mécanique, chimique et biologique. Dans cette étude, nous avons combiné les trois procédés afin d'optimiser nos résultats. Ensuite, nous allons faire une approche détaillée d'évaluation qualitative des fibres obtenues par la combinaison des trois modes d'extraction, ceci par l'étude de leurs morphologies, leurs propriétés physico-chimiques et leurs caractéristiques mécaniques.

1. Extraction des fibres d'Alfa

1.1. Les prétraitements

Avant de commencer l'extraction des fibres, un travail préliminaire s'impose afin de mieux préparer les tiges aux différents traitements, cette préparation va faciliter et augmenter l'efficacité des prochaines opérations d'extraction.

Notre matière première arrive sous la forme de bottes (de 4-5 kilos). Les tiges contiennent parfois de la terre, des racines, de la poussière ou tout autre type d'impuretés. Des tiges mortes sont quelque fois présentes dans le lot. La première opération consiste à éliminer toutes ces impuretés et/ou corps étrangers de façon à n'avoir que des tiges propres et utilisables. Ensuite, nous découpons les extrémités des tiges parce qu'elles présentent la variation la plus importante du diamètre. D'un côté, nous avons l'extrémité supérieure sous forme de pointe assez aigue et de l'autre côté, l'extrémité inférieure sous la forme d'un pied courbé très rigide. Il est très important de les éliminer parce que ces crochets, après extraction, deviennent des nœuds et les fibres fines se mettent autour pour former une sorte de «Neps»: une masse de fibres irrémédiablement emmêlée. Dans certains cas, où la variation du diamètre entre extrémité supérieure et inférieure est très importante, il est préférable de découper et ne travailler que sur la partie centrale des tiges afin d'avoir un effet identique sur toute la longueur. Cette variation change d'un lot à un autre et d'une espèce à une autre. Pour cette étude, nous avons effectué les premiers essais d'extraction sur une variété tunisienne qui présentait une variation assez importante, ensuite, nous avons préféré travailler sur une autre variété, marocaine cette fois ci dont le diamètre varie peu tout au long de la longueur après élimination des extrémités. Nous avons comparé les 2 variétés par la mesure du diamètre des tiges sur toute la longueur avec un pas de 5 cm (une tige mesure entre 50 et 80 cm). Les résultats obtenus sont représentés sur la figure 31.

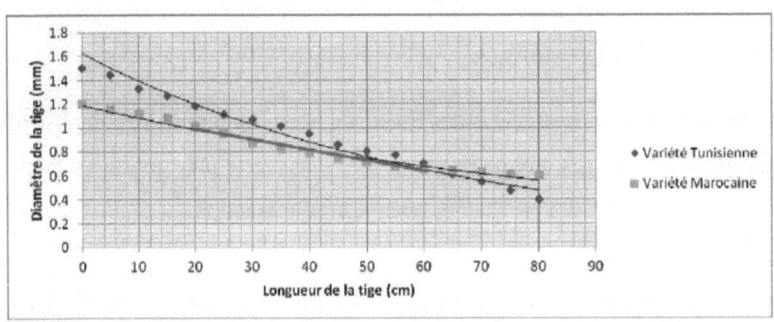

Figure 31. Graphique montrant la variation du diamètre en fonction de la longueur de la tige

D'après ce graphe, la variation de diamètre chez la variété marocaine est moins importante que chez la variété Tunisienne (le diamètre est multiplié par 2 pour la première et par 4 pour la deuxième). Des tronçons d'une longueur de 40 cm au milieu des tiges d'Alfa marocaine ont été alors découpés, cette longueur connait en moyenne une variation de diamètre de 360 µm (au lieu de 600 initialement).

Enfin, toutes les tiges sont immergées dans un bain d'eau salée pendant 24 heures à 60°C, la concentration du bain est de 35 g de NaCl dans un litre d'eau. Cette opération inspirée de l'extraction traditionnelle des fibres d'Agave que les pêcheurs pratiquaient à l'eau de mer, a pour but de gonfler légèrement les fibres, de les nettoyer et d'extraire les cires de la paroi extérieure, les fibres sont ainsi mieux préparées à l'extraction proprement dite [120].

1.2. L'extraction mécanique

Pour leur extraction mécanique, les tiges d'Alfa sont brossées mécaniquement à l'aide d'un peigne aux dents métalliques. Le peigne est déplacé dans le sens longitudinal des tiges qui compte tenu de leur diamètre, vont être réduites pour pouvoir passer à travers les dents et une certaine quantité de bois est éliminée. Après cette action, nous obtenons des fibres longues plus fines que les tiges d'Alfa et moins rigides, qui présentent toutefois des proportions importantes de matières non cellulosiques. Cette première extraction va permettre l'ouverture des tiges afin d'augmenter l'accessibilité des agents chimiques. Les fibres issues de cette extraction sont appelées (α1).

1.3. L'extraction chimique

1.3.1. A l'air libre

Compte tenu des éléments bibliographiques sur l'extraction de l'Alfa, l'action des acides s'avère très agressive sur les fibres et difficile à mettre en œuvre, d'autre produits comme les alcools (ex. Méthanol) ou les sels (ex. $SOCl_2$, Ag_2SO_4) sont avérés sans efficacité ou demandent plusieurs jours, alors qu'une extraction réussie consiste à dégrader les constituants non cellulosiques de la plante en toute adéquation rapidité et conservation des propriétés des fibres et en respectant les exigences environnementales bien entendu [120] [129-132]. Nous avons choisi l'extraction par action alcaline, puisque la soude peut répondre à toutes ces contraintes, à condition de bien maitriser le procédé. Dans cette partie, nous allons donc travailler sur la mise au point de ce procédé par l'étude de l'influence de différents paramètres régissant cette opération à savoir : la concentration de la soude, la température de la solution, la durée du traitement et la pression. Nous allons, par la suite, travailler sur leur optimisation afin d'obtenir les fibres cellulosiques les plus propres en gardant le maximum de performances. Nous avons commencé par fixer les limites de chaque paramètre comme suit :

Paramètre	Min	Max
Concentration	0.25 N	4 N
Température	60 °C	100 °C (ébullition)
Durée	30 minutes	3 heures

Ces limites nous donnent un nombre très important de combinaisons, en effet, avec un pas de 0.25N pour la concentration, de 10°C pour la température et de 30 min pour la durée, le nombre total de combinaisons possible est de 480 expériences, ce qui représente un temps et des moyens considérables. Donc l'établissement d'un plan d'expérience est indispensable pour économiser le temps, les moyens et l'effort nécessaires. Ce plan devra nous aider à trouver les conditions optimales avec précision et le plus rapidement possible selon une logique :

- Une seule variable à changer à la fois
- Travailler dans les conditions limites respectivement, ensuite affiner le cas échéant.
- La présence ou non d'un réducteur n'est envisagée que pour les cas très satisfaisants, il n'est pas considéré comme une variable, autrement cela va doubler le nombre de manipulations.

Exemple : Nous commençons par la concentration minimale fixée, pour les 2 températures min et max, si nous ne trouvons pas des résultats satisfaisants, nous essayons la concentration maximale et ceci pour les 2 températures. A la lumière des résultats obtenus, nous diminuons ou augmentons cette concentration, ou nous la gardons et affinons les autres paramètres, jusqu'à l'obtention des conditions recherchées.

Le tableau ci-dessous, récapitule la démarche suivie :

Indice i : indice attribué à la $i^{ème}$ concentration expérimentée

Indice j : indice attribué à la $j^{ème}$ température expérimentée

Indice k : indice attribué à la $k^{ème}$ durée expérimentée

Indice n : indice attribué à la concentration maximale expérimentée

Indice l : indice attribué à la durée maximale expérimentée

Indice m : indice attribué à la température maximale expérimentée

Tableau 5. Tableau expliquant le principe d'avancement expérimental

	Concentration	Température	Durée	Réducteur
1	C1 (min)	T1.1(min)	D1.1.1(min)	
	C1 (min)	T1.1(min)	D1.1.2(max)	
	C1 (min)	T1.2(max)	D1.2.1(min)	
2	C1 (min)	T1.2(max)	D1.2.2(max)	
5	C2	T2.1(min)	D2.1.1(min)	
	C2	T2.1(min)	D2.1.2(max)	
	C2	T2.2(max)	D2.2.1(min)	
6	C2	T2.2(max)	D2.2.2(max)	
	.	.	.	
	.	.	.	
	.	.	.	
	Ci	Ti.1(min)	Di.1.1(min)	
	Ci	Ti.1(min)	Di.1.2(max)	
	Ci	Ti.2	Di.2.1(min)	
	Ci	Ti.2	Di.2.2(max)	
	Ci	Ti.j	Di.j.1(min)	
	Ci	Ti.j	Di.j.2	
	Ci	Ti.j	Di.j.k	x
	Ci	Ti.j	Di.j.l (max)	x
	Ci	.	.	
	Ci	.	.	
	Ci	Ti.m (max)	Di.m.1	
	Ci	Ti.m (max)	Di.m.l(max)	x
	.	.	.	
	.	.	.	
	.	.	.	
4	Cn (max)	Tn.1(min)	Dn.1.1(min)	x
	Cn (max)	Tn.1(min)	Dn.1.2(max)	
	Cn (max)	Tn.2(max)	Dn.2.1(min)	
3	Cn (max)	Tn.2(max)	Dn.2.2(max)	x

66

Chaque expérience a été effectuée avec 20 g de fibres (α1) dans un volume de 500 ml à l'air libre selon le plan ci-dessous :

Tableau E. Tableau récapitulatif des conditions expérimentales de l'extraction à l'air libre et les principaux résultats

Concentration (N)	Température (°C)	Durée (min)	Réducteur	Résultats
0,25	60	30	sans	Pas satisfaisant: tiges encore rigides, aucun effet
	60	180	sans	Manips non effectuées puisque avec une température = 100°C et pour une durée = 180min nous avons obtenu des fibres encore rigides
	100	30	sans	
	100	180	sans	Pas satisfaisant: fibres trop rigides et impossible de les dissocier
0,5	60	30	sans	Pas satisfaisant: fibres trop rigides et impossible de les dissocier
	100	180	sans	Pas satisfaisant: fibres trop rigides et impossible de les dissocier
0,75	60	30	sans	Pas satisfaisant: fibres trop rigides et impossible de les dissocier
	100	180	sans	Pas satisfaisant: fibres trop rigides et impossible de les dissocier
1	60	30	sans	Pas satisfaisant: fibres trop rigides et impossible de les dissocier
	100	180	sans	Pas satisfaisant: fibres encore rigides mais apparition de quelques fibres individuelles (très peu)
1,5	60	30	sans	Pas satisfaisant: fibres trop rigides, affirmation qu'à cette température l'extraction est impossible
	100	180	sans	Pas satisfaisant: fibres encore rigides en présence de quelques fibres courtes bien désassociées
2	80	30	sans	Pas satisfaisant: fibres encore rigides et collées les unes aux autres
	100	180	sans	Peu satisfaisant: début de la défibrillation, mélange d'une quantité limitée de fibres individuelles souvent courtes et fibres encore dures
2,5	80	30	sans	Peu satisfaisant: mélange de fibres dures et d'autres individualisées (courtes et moyennes)
	100	180	sans	Peu satisfaisant: mélange de fibres dures mais beaucoup de fibres courtes, nous décidons de diminuer la durée
	100	150	sans	Peu satisfaisant: comme le résultat précédent
	100	120	sans	Assez satisfaisant: une légère amélioration, moins de fibres courtes mais les fibres dures sont difficilement séparables
3	80	30	sans	Peu satisfaisant: mélange de fibres dures et d'autres individualisées (courtes et moyennes)

3	100	180	sans	Pas satisfaisant: les fibres sont dégradées, beaucoup de fibres courtes
	100	180	1% M.S	Pas satisfaisant : pas d'amélioration par rapport aux résultats obtenus sans réducteur
	100	30	sans	Pas satisfaisant: les tiges sont ramollies mais pas d'extraction
	100	60	sans	Peu satisfaisant : mélange de fibres dures et d'autres individualisées
	100	120	sans	Satisfaisant: très peu de fibres courtes et les tiges sont intactes et les fibres sont désassociées dès qu'une compression est exercée sur ces tiges, mais nous continuons à affiner les conditions trouvées
	100	120	1% M.S	Satisfaisant: une légère amélioration par rapport à l'expérience sans réducteur, les fibres semblent mieux conserver leurs propriétés mécaniques
	100	150	sans	Assez satisfaisant: plus de fibres courtes (sans propriétés mécaniques) que celles trouvées avec une durée = 120 min
	100	150	1% M.S	Assez satisfaisant : les fibres semblent un peu fragiles par rapport aux résultats précédents (avec 120 min)
3,5	80	30	sans	Pas satisfaisant: les tiges sont ramollies mais pas d'extraction
	100	180	sans	Pas satisfaisant: les fibres sont dégradées, beaucoup de fibres courtes une fois séchées forment une sorte de pate
	100	150	sans	Pas satisfaisant: les fibres sont dégradées, beaucoup de fibres courtes une fois séchées forment une sorte de pate
	100	150	1% M.S	Pas satisfaisant: comme le résultat précédent
	100	120	sans	Assez satisfaisant: des fibres courtes en mélange avec des fibres collées les unes aux autres, facilement séparables mais un peu fragiles
	100	120	1% M.S	Satisfaisant: une légère amélioration par rapport à l'expérience sans réducteur, les fibres semblent mieux conserver leurs propriétés mécaniques
	90	120	sans	Peu satisfaisant: résultats moins efficaces que les précédents
4	80	30	sans	Pas satisfaisant: les tiges sont ramollies mais pas d'extraction en vue
	100	180	sans	Pas satisfaisant: les fibres sont dégradées, beaucoup de fibres courtes une fois séchées forment une sorte de pate
	100	180	1% M.S	Pas satisfaisant: pas d'amélioration par rapport aux résultats obtenus sans réducteur
	100	150	sans	Pas satisfaisant: les fibres sont dégradées, beaucoup de fibres courtes une fois séchées forment une sorte de pate
	100	120	sans	Pas satisfaisant: les fibres sont dégradées, beaucoup de fibres courtes une fois séchées forment une sorte de pate
	100	120	1% M.S	Peu satisfaisant: trop de fibres dégradées
	100	90	sans	Peu satisfaisant: les fibres sont dégradées, beaucoup de fibres courtes et d'autres encore sous forme de tiges

1% M.S : 1 % de la masse sèche de l'échantillon

Cette première investigation, nous a permis de déterminer les conditions expérimentales qui conduisent visuellement aux meilleurs résultats en termes d'extraction chimique. Ce test visuel, pourtant très subjectif et nécessite d'être confirmé par une caractérisation complète à tous les niveaux, était très révélateur, il a été pondéré par les facteurs suivants:

- la quantité des fibres courtes (ou de fibrilles)
- la consistance physique de l'échantillon récupéré (friable, dur, cassant…)
- quand il s'agit de fibres, leurs propriétés mécaniques apparentes (supportent ou pas une légère traction, parfois elles se cassent sous leur propre poids à l'état humide…)
- la capacité à se détacher facilement du corps de la tige

Nous concluons suite à cette étude effectuée à l'air libre, donc à pression atmosphérique que les conditions optimales pour extraire les fibres d'Alfa seraient : une solution de soude de concentration égale à 3N, pendant 2 heures sous une température de 100°C, et en présence d'un réducteur, dans notre cas le dithionite de sodium ($Na_2S_2O_4$) connu pour son pouvoir réducteur et de blanchiment. En effet, il réduit les groupements carbonyles C=O et azoïques N=N. A l'opposé, les résultats insatisfaisants présentaient un manque d'action sur les composants non cellulosiques ou bien par effet excessif du traitement au point de dégrader la matière cellulosique. Ci-dessous, quelques illustrations significatives de ces résultats sont données dans la figure 32.

De gauche à droite :
1. fibres trop rigides (aucun effet) (0.25N, 60°C, 30 min)
2. fibres ramollies mais impossible de les désassocier (1N, 100°C, 180 min)

3.   fibres fines et souples, besoin d'être séparées (2.5N, 100°C, 120 min)

4.   fibres réduites en pâte (4N, 100°C, 120 min)

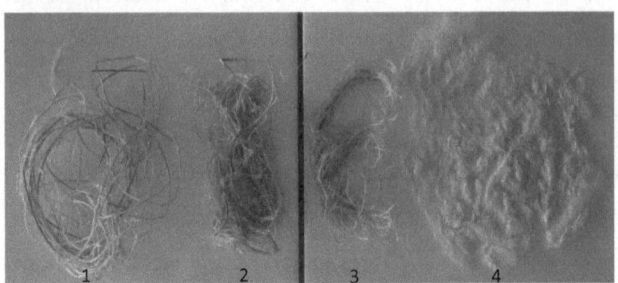

Figure 32. Photos de quelques échantillons après extraction

La figure 33 (a et b) montre des clichés MEB pour des fibres d'Alfa ayant toujours des matières non cellulosiques après extraction, ce qui met en évidence une extraction incomplète, ces dépôts sur la surface des fibres sont très visibles. Contrairement, la figure 34 (a et b) montre des clichés MEB pour des fibres d'Alfa dégradées après une exposition prolongée à forte concentration de soude, exposant la fragmentation des fibres cellulosiques en micro fibrilles de longueur allant de 80 µm à 120 µm et les nœuds qui les relient sont visibles sur les 2 photos, ce sont les éléments typiques caractérisant les fibres fines et souples mais très courtes et sans aucune propriété mécanique.

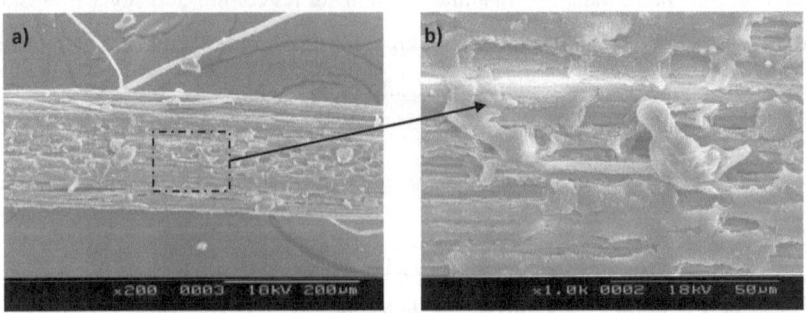

Figure 33. Une image MEB d'un faisceau de fibres couvert de lignine et de pectine (a) et son agrandissement (b)

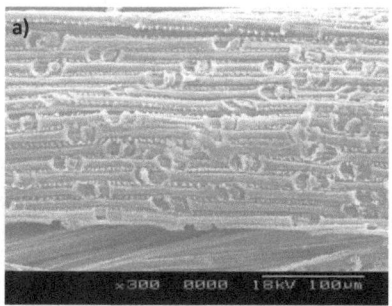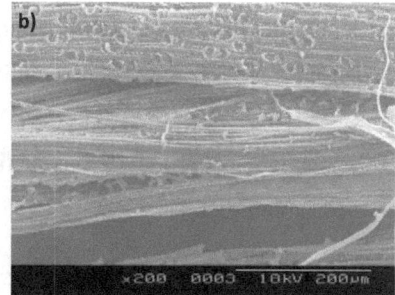

Figure 34. 2 images MEB d'un faisceau de fibres dégradées (a) et (b)

1.3.2. En milieu fermé

Dans un premier temps, l'extraction des fibres cellulosiques a été conduite sous pression atmosphérique. Nous avons ensuite décidé de travailler dans des récipients fermés (biberons) pour profiter de la pression qui va se créer à l'intérieur, et de la température qui pourra dépasser dans ce cas les 100°C, nous pourrons ainsi gagner en termes de durée d'extraction et éventuellement avoir des fibres meilleures.

Pour ce faire, nous avons effectué une série de manipulations sur une machine « Linitest » d'«Original Hanau Quarzlampen Gmbh » utilisée dans le domaine de l'ennoblissement textile, notamment pour des tests de solidité de teinture (Figure 35). Un échantillon de 5 g est immergé dans 200 ml de solution de soude en présence ou non d'un réducteur, l'ensemble (fibres + solution) dans un porte matière (capacité 280 ml) qui fait un mouvement de rotation dans un bain d'Ethylène Glycol.

Avec cet appareil, nous n'avons pas la possibilité de vérifier la température et la pression à l'intérieur des récipients, ce qui constitue un réel problème puisque nous ne contrôlons pas parfaitement les conditions expérimentales.

De la même façon, nous avons défini les limites expérimentales de chaque paramètre comme suit:

Paramètre	Min	Max
Concentration	0.25 N	1 N
Température	100 °C	140 °C
Durée	30 minutes	3 heures

Le Tableau 7 récapitule l'ensemble des expérimentations effectuées avec leurs résultats et observations.

Tableau 7. Tableau récapitulatif des conditions expérimentales de l'extraction en milieu fermé et les principaux résultats

Concentration (N)	Température (°C)	Durée (min)	Réducteur	Résultats
0,25	100	30	sans	Pas satisfaisant: tiges encore rigides
	100	180	sans	Pas satisfaisant: tiges encore rigides en mélange avec des fibres
	110	30	sans	Pas satisfaisant: tiges encore rigides
	110	180	sans	Pas satisfaisant: fibres trop rigides et impossible de les dissocier
	120	30	sans	Pas satisfaisant: tiges ramollies mais pas d'extraction en vue
	120	180	sans	Peu satisfaisant: quelques fibres libérées, extraction en vue
	130	30	sans	Pas satisfaisant: tiges ramollies mais pas d'extraction en vue
	130	60	sans	Peu satisfaisant: bonne proportion de fibres libérées mais présence de quelques tiges
	130	90	sans	Assez satisfaisant: pas de tiges dures, fibres en majorité libérées mais sans propriétés mécaniques
	130	90	avec	Satisfaisant: des fibres avec des meilleures propriétés, peu de fibres courtes
	130	120	avec	Assez satisfaisant: une légère régression par rapport au résultat précédent
	130	180	avec	Pas satisfaisant: dégradation de l'échantillon, vers une pate
	140	30	sans	Pas satisfaisant: peu de fibres extraites, le reste sous forme de tiges
	140	180	sans	Pas satisfaisant: dégradation de l'échantillon, presque une pate
0,5	100	30	sans	Pas satisfaisant: tiges encore rigides, un peu ramollies
	100	180	sans	Pas satisfaisant: grande proportion de fibres rigides
	110	30	sans	Pas satisfaisant: tiges encore rigides, un peu ramollies
	110	180	sans	Pas satisfaisant: tiges encore rigides, un peu ramollies

0.5	120	30	sans	Peu satisfaisant: mélange non homogène
		60	sans	Assez satisfaisant: mélange non homogène, mais une extraction meilleure que la précédente
		90	avec	Peu satisfaisant: fibres libérées mais fragiles
		120	sans / avec	Pas satisfaisant: des fibres très courtes et fragiles
	130	60	sans	Peu satisfaisant: fibres libérées mais présence de tiges
		90	sans / avec	Peu satisfaisant: fibres libérées mais fragiles
		120	sans / avec	Pas satisfaisant: des fibres très courtes et fragiles
	100	60	sans	Peu satisfaisant: fibres libérées mais présence importante de tiges
		90	sans / avec	Assez satisfaisant: les fibres ne sont pas dégradées mais elles sont difficilement séparables vu leur fragilité
		120	sans / avec	Pas satisfaisant: dégradation de l'échantillon, vers une pâte
0,75	110	60	sans	Peu satisfaisant: mélange non homogène
		90	sans / avec	Peu satisfaisant: fibres libérées mais sans propriétés mécaniques
		120	sans / avec	Pas satisfaisant: dégradation de l'échantillon, vers une pâte
	120	60	sans / avec	Peu satisfaisant: beaucoup de fibres courtes
		90	sans / avec	Peu satisfaisant: beaucoup de fibres courtes
		120	sans / avec	Pas satisfaisant: les fibres sont dégradées, beaucoup de fibres courtes une fois séchées forment une sorte de pâte
1	100	60	sans / avec	Pas satisfaisant: pate + fibres courtes
		90	sans / avec	Pas satisfaisant: pate + fibres courtes

Figure 35. Appareil utilisé pour l'extraction sous pression "Linitest» (a) la machine ouverte avec le mécanisme de rotation de biberons dans son bain (b)

Suite à cette deuxième série d'expérimentation, quelques conclusions ont pu être tirées. D'abord, l'extraction est mieux réussie loin des conditions extrêmes, en effet, les fibres sont moins dégradées si elles étaient exposées plus longuement mais à température modérée que si elles étaient exposées très brièvement (30 min par exemple) à une concentration ou à température très élevées.

Deuxièmement, nous avons remarqué, que pour cette méthode (en fermé), qu'il existe une hétérogénéité plus importante par rapport à la première méthode au sein du même échantillon. En termes de plusieurs essais, nous avons distingué parfois la présence de plusieurs effets sur l'échantillon, nous avons pu voir des fibres dégradées à coté d'autres encore dures, ce problème est plus accentué lorsque les conditions de travail sont un peu brutales (forte concentration ou température pendant un temps court). S'ajoute à cela, un taux de reproductibilité assez faible, en effet, répéter un essai dans les mêmes conditions ne donne pas forcément les mêmes résultats trouvés auparavant.

Comparées aux concentrations utilisées lors de la première méthode, les concentrations en milieu fermé ont considérablement diminué, vu que l'extraction se fait à température et pression relativement élevées, ce qui explique la faible normalité de ces concentrations. La dégradation est à présent obtenue à 1N, alors qu'elle s'est effectuée à 4N en travaillant à pression atmosphérique. De ce fait, le moindre changement d'un seul paramètre s'avère d'une incidence importante sur le résultat observé et la limite entre des fibres encore rigides ou dégradées est très fine, cela dépend parfois de quelques minutes ou quelques degrés de température. Cette limite est d'autant plus critique qu'elle est accélérée par les forces de frottement entre les fibres vu le mouvement de rotation des porte-matières.

Enfin, bien qu'une extraction optimale semble se faire à 0.25N à 130°C pendant 90 minutes en présence de faible quantité de dithionite de sodium (0.5% de masse sèche de l'échantillon), cette opération étant difficilement reproductible et donnant des échantillons peu homogènes, nous allons opter pour la première méthode dont les conditions sont citées précédemment malgré le fait que la deuxième méthode d'extraction nous fait économiser une quantité de soude pas négligeable (10 g au lieu de 120 g par litre) ainsi que le temps de manipulation (90 minutes au lieu de 120 minutes pour la première), nous allons donc privilégier la qualité des fibres extraites.

Les fibres sont donc extraites à pression atmosphérique dans les conditions suivantes: un bain de soude de concentration égale à 3N, pendant 2 heures sous une température de 100°C et en présence de 1% de $Na_2S_2O_4$ seront appelées (α2).

1.4. L'extraction enzymatique

Afin de compléter les 2 extractions précédentes et éliminer la partie résiduelle de pectines et d'hémicelluloses non dissoutes malgré les opérations effectuées, nous allons traiter les fibres α2 dans une préparation aqueuse d'enzymes. Ces enzymes seront des Polygalacturonase, mieux connues sous le terme générique Pectinase. Elles sont extraites à partir des Fungi (plus communément des champignons) de l'espèce : Aspergillus aculeatus. Ces pectinases sont capables de générer l'hydrolyse des pectines et des hémicelluloses encore présentes dans les parois des fibres, d'une façon plus ou moins efficace selon leur activité. En effet, pour garantir une bonne efficacité de cette extraction, les pectinases devront être dans des conditions optimales. Pour celles que nous utilisons, la température optimale serait de 35°C et un pH égal à 6 (Figures 36 et 37) [133-135].

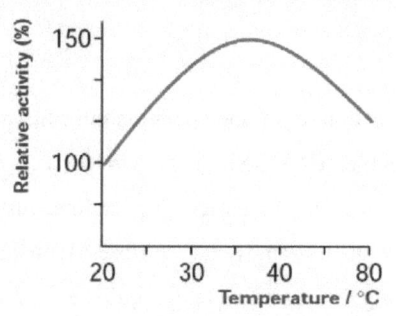

Figure 36. Influence de la température sur l'activité relative des Pectinases [133-135]

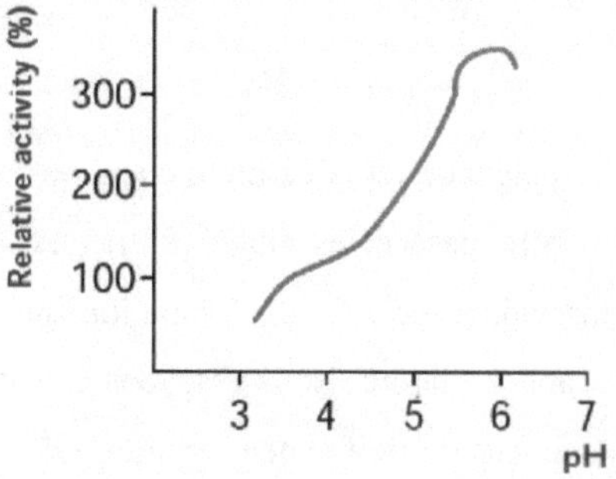

Figure 37. Influence du pH sur l'activité relative des Pectinases [133-135]

La durée du traitement et la concentration de cette préparation sont d'autres paramètres influents dans cette extraction. Après une brève étude, nous avons décidé de fixer la durée à 1 heure (étude faite entre 30 min et 4 heures), et de fixer la concentration à 2.5 ml de Pectinases dans 1 litre d'eau distillée. Par analogie, les fibres issues de cette extraction sont appelées (α3).

1.5. Les post traitements

1.5.1. Le calandrage

A la suite de ces traitements, les fibres sont délignifiées et souples, cependant, elles sont souvent collées les unes aux autres en paquets qu'il faudra ouvrir, individualiser et paralléliser. Dans ce but, nous allons les faire passer dans une calandreuse à 2 rouleaux en caoutchouc contrarotatifs. L'écartement des rouleaux est réglable et plusieurs passages entre les cylindres peuvent être réalisés. Cette action possède 2 objectifs, le premier est d'extraire l'excès d'eau présente dans les fibres (une fibre imbibée d'eau est très cassante), quant au deuxième, c'est pour casser et faciliter la séparation d'éventuels matériaux non cellulosiques encore présents dans la structure.

1.5.2. Le peignage

Le peignage est la dernière étape de transformation, c'est une opération qui consiste à faire passer les fibres à travers un peigne, elles sont ainsi parallélisées et individualisées. C'est l'opération qui va donner aux fibres leur aspect final juste avant la filature. Nous essayons de saisir une quantité moyenne de fibres de même longueur de préférence, ensuite, elle sera peignée aussi longtemps qu'il le faudra. Les fibres longues et moyennes seront stockées et utilisées pour la filature, tandis que les fibres courtes auront une autre utilisation comme matière première pour filaments synthétiques à base d'Alfa (voir Chapitre 5).

1.5.3. Le séchage

Les fibres sont ensuite séchées à l'air libre pendant 24 heures pour être prêtes à la prochaine étape de transformation : la filature, ou pour être soumises aux tests de caractérisation.

Récapitulatif du procédé d'extraction des fibres d'Alfa :

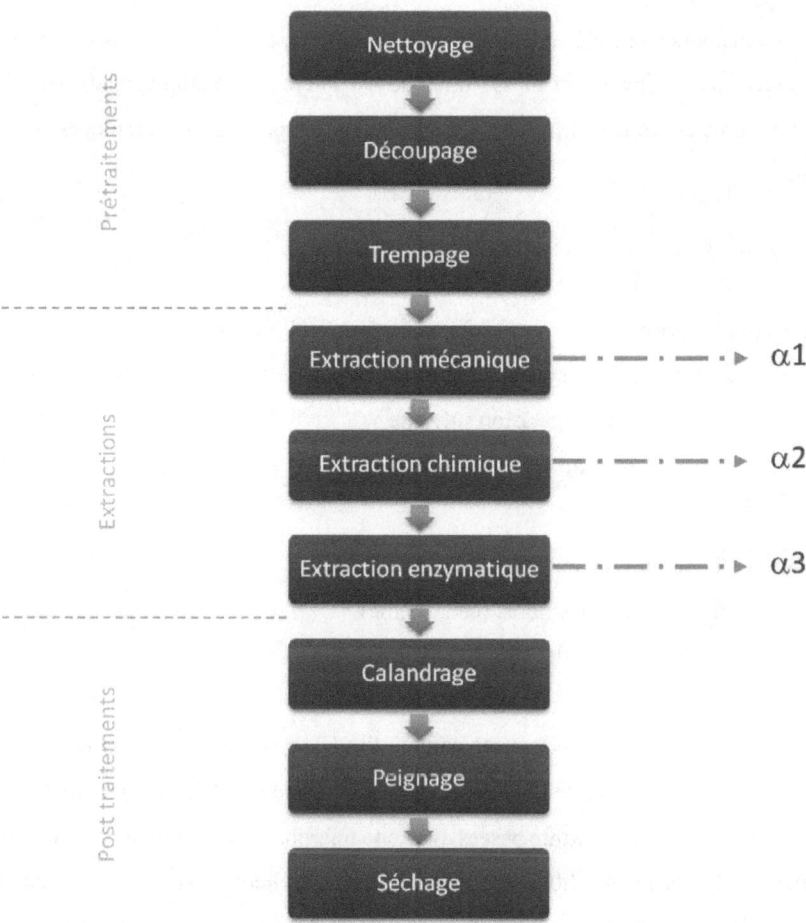

2. Caractérisation des fibres d'Alfa

2.1. Evaluation de la masse linéique (Titre)

Plusieurs méthodes ont été utilisées pour estimer le titre de nos 3 types de fibres. Rappelons que le titre ou la masse linéique est une caractéristique fondamentale pour les fibres et les fils et influence énormément les propriétés mécaniques entre autres.

2.1.1. Méthode gravimétrique

Cette méthode décrite par la norme française NF G 07-007 [136], est basée sur la mesure de la masse et la longueur des fibres, ensuite le titre (la mase par unité de longueur) sera déduit de l'expression suivante :

$$T = 1000 \times \frac{m}{L} \qquad \text{(Equation 1)}$$

Avec   T : le titre (en tex)

m : la masse des fibres (en gramme)

L : la longueur des fibres (en mètre)

Les fibres doivent être conditionnées comme l'indique la norme à une température de 20°C ± 2° et une humidité relative de 65% ± 2% pendant 24 heures précédant les mesures. Les fibres sont ensuite pesées avec une microbalance avec une précision de 0.01mg. La longueur des fibres est mesurée individuellement sur un maillemètre (Figure 38), une extrémité de la fibre est saisie par une pince et la deuxième extrémité est attachée à un chariot mobile qui exerce une force de 5 gramme force, nécessaire pour avoir la longueur réelle de la fibre. Cette tension est calculée en fonction du titre :

$$\text{Tension (gf)} = 0.2 * T \text{ (tex)} + 4 \qquad \text{(Equation 2)}$$

Nous effectuons une première série de mesure pour avoir le titre approximatif, ensuite, le cas échéant, nous augmentons cette tension pour trouver le titre final. Il faut noter que pour cette méthode, il est impossible de travailler sur des fibres individuelles vu leur finesse trop faible, nous travaillons sur des fibres techniques plus grosses et facilement manipulables (Figure 39).

Figure 38. Maillemètre utilisé pour mesurer la longueur des fibres d'Alfa

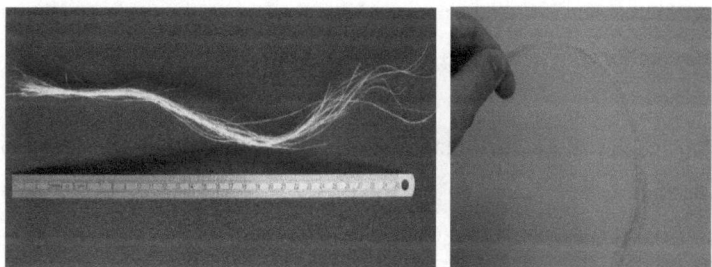

Figure 39. Illustrations des fibres d'Alfa (α3) séchées et finies

Le test est effectué sur un lot de 200 fibres de chaque type (α1, α2 et α3), dont les résultats figurent dans le tableau 8.

Tableau 8. Résultats expérimentaux des mesures de titres relatifs à α1, α2 et α3 et leurs données statistiques

	α1	α2	α3
Titre (tex)	41.28	7.73	6.51
Ecart-type (tex)	4.69	2.37	1.57

Coefficient de variation (%)	11.36	30.66	24.11
Limite pratique d'erreur 95%	1.58	4.28	3.37

Nous pouvons constater que le titre moyen des fibres α1 est assez important à l'échelle des fibres, ce qui est dû à la nature de l'extraction subite par celles-ci. En effet, il y reste la plupart des substances non cellulosiques qui ne commencent à être éliminées qu'à partir de la 2ème extraction à la soude, d'où la diminution très significative du titre après celle-ci. Cette diminution se poursuit avec la 3ème extraction mais d'une manière moins importante, en réalité l'action alcaline dissout la plupart de ces matières (lignine, pectines, hémicellulose..) d'où la diminution de la masse par unité de longueur ce qui explique la forte baisse du titre, ensuite vient le rôle des enzymes qui viennent compléter l'action de la soude et élimine la fine partie résiduelle, d'où une baisse moins importante.

Statistiquement, malgré une limite pratique d'erreur (95%) inférieure à 5% (exigée par la norme), le coefficient de variation reste relativement élevé notamment pour α2 et α3. Ceci montre que ces 2 fibres présentent une dispersion importante au niveau du titre, l'hétérogénéité des fibres naturelles est la source principale d'une telle dispersion. En effet, nos fibres techniques sont des faisceaux de fibres ultimes, ces faisceaux ne comportent jamais le même nombre de fibres à chaque fois, c'est l'origine probable de cette dispersion. Pour la minimiser, nous devrons effectuer plus de mesures.

2.1.2. Méthode microscopique

Cette méthode consiste à évaluer le diamètre moyen des fibres et en déduire le titre par calcul. Nous allons nous baser sur la norme française NF G 07-004 [137], qui détermine la méthode utilisée pour la mesure de diamètre des échantillons de laine en utilisant un microscope à projection. Les fibres sont placées sur une lamelle porte échantillon, elle-même supportée par une platine mobile qui se déplace avec un pas de 5 mm sous l'objectif oculaire, l'écran de projection étant gradué et axé, nous pouvons ainsi mesurer les diamètres de différentes fibres quelque soit leur orientation. 200 fibres ont été testées, chaque fibre nous a fournit un diamètre moyen calculé à partir de 10 diamètres espacés de 5 mm. Dans le cas où une dispersion dépasse les 50%, l'échantillon est éliminé. Le titre peut finalement être calculé comme suit :

$$T \text{ (tex)} = 10^{-3} \times \rho \times \frac{\pi \times d^2}{4} \qquad \text{(Équation 3)}$$

Avec :

ρ : est la masse volumique de l'échantillon (g/cm^3), ici 1.42, 1.51 et 1.52 respectivement pour $\alpha 1$, $\alpha 2$ et $\alpha 3$ (valeurs trouvées dans la section « mesure de densité »)

d : est le diamètre mesuré en μm

Tableau 9 Résultats expérimentaux des mesures des diamètres et titres de $\alpha 1$, $\alpha 2$ et $\alpha 3$ et leurs données statistiques

	α1	α2	α3
Diamètre (μm)	205	28	24
Ecart-type (μm)	15.33	6.26	6.53
Coefficient de variation (%)	7.48	22.36	27.21
Limite pratique d'erreur 95%	1.04	3.10	3.78
Masse volumique (g/cm³)	1.42	1.51	1.52
Titre (tex)	46.84	0.93	0.68

Grâce à cette méthode les fibres observées sont bien des fibres individuelles et non plus un faisceau de fibre, ce qui explique la différence de titres issus de la 1ère méthode et la 2ème sauf pour les fibres α1 pour lesquelles le titre ne change pas beaucoup puisque elles sont toujours formées de faisceaux fibreux collés les uns aux autres. Le même résultat trouvé par la 1ère méthode est confirmé : des fibres grossières issues du traitement mécanique suivies par une forte baisse du titre suite à l'extraction chimique et une diminution assez faible grâce au traitement enzymatique. L'extraction se fait essentiellement lors du 2ème traitement.

2.2. La distribution en longueur et en diamètre

La longueur et la finesse des fibres sont 2 paramètres très importants pour les fibres, la finesse procure la souplesse et la longueur assure la cohérence. Ces 2 paramètres dépendent énormément de la structure chimique du matériau et de la morphologie des fibres, et ils sont très affectés par la méthode d'extraction utilisée et même régressés si cette dernière est trop agressive. Dans ce qui suit, nous allons étudier ces 2 paramètres et leurs distributions, en nous basant sur les essais effectués précédemment pour la détermination du titre. Le tableau 10 donne les dimensions transversales des différentes fibres extraites ainsi qu'un comparatif avec les principales fibres naturelles [138].

Tableau 10. Dimensions des fibres obtenues

Fibre	Longueur (mm)		Diamètre (μm)	
	Moyenne	Intervalle	Moyenne	Intervalle
Alfa (α1)	111	75-278	205	155-321
(α2)	55	5-95	28	5-53
(α3)	46	4-62	24	7-44
Coton	25	15-56	12	12-25
Chanvre	25	5-55	25	10-51
Lin	33	9-70	19	5-38

Il est très intéressant pour l'Alfa comme pour toutes les autres fibres d'origine naturelle et végétale en particulier, d'étudier les autres paramètres liés à la finesse et la longueur tels que la fonction de distribution et la dispersion et ne pas s'arrêter sur le calcul de la moyenne parce qu'ils représentent des indicateurs significatifs de la qualité de la fibre. Les figures 40-45 présentent les distributions du diamètre et de la longueur relatives aux fibres α1, α2 et α3.

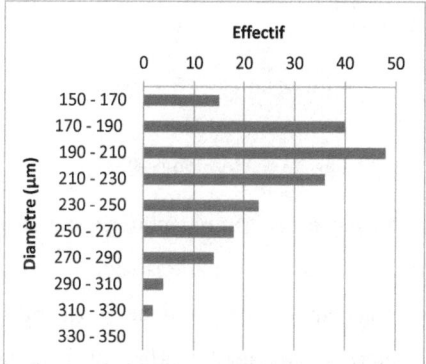

Figure 40. Distribution du diamètre pour les fibres α1

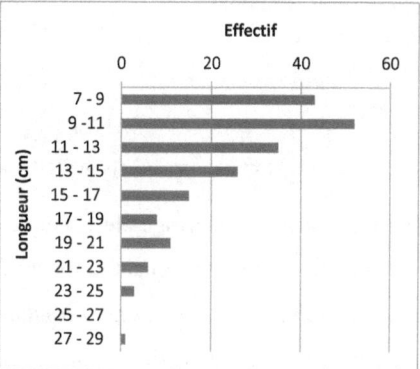

Figure 41. Distribution de la longueur pour les fibres α1

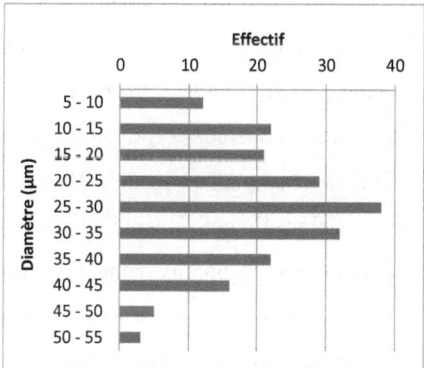

Figure 42. Distribution du diamètre pour les fibres α2

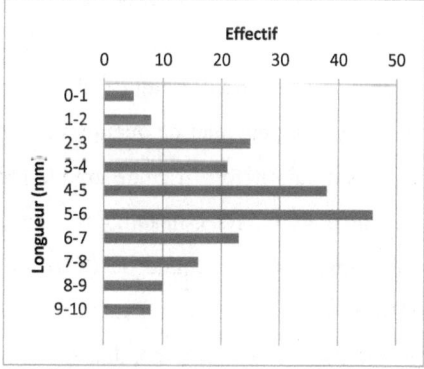

Figure 43. Distribution de la longueur pour les fibres α2

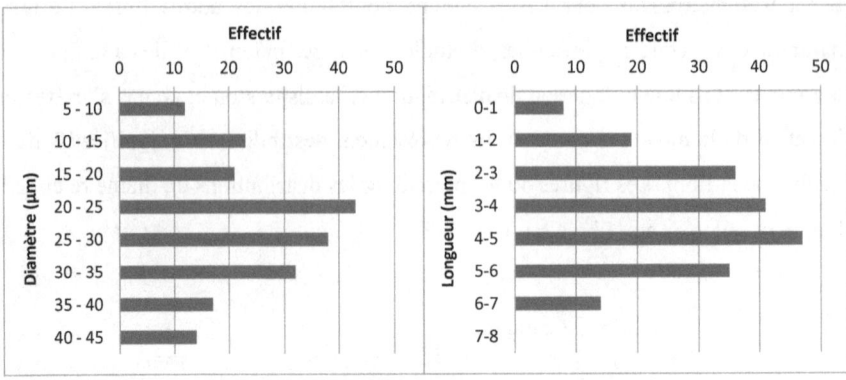

Figure 45. Distribution du diamètre pour les fibres α3

Figure 44. Distribution de la longueur pour les fibres α3

2.3. Etude de la morphologie par Microscopie à balayage électronique (MEB)

La microscopie à balayage électronique est une technique très répandue pour mener des investigations concernant la morphologie de la surface comme la rugosité ou la porosité (à partir des électrons secondaires) et la composition chimique (à partir des électrons rétrodiffusés) de la plupart des matériaux solides. En effet, un faisceau d'électrons émis par une cathode vient bombarder un échantillon, ensuite l'interaction entre ces électrons et la surface fournit des signaux qui seront détectés, amplifiés et serviront à reconstruire l'image que nous voyons sur l'écran. Malgré les avantages que cette technique offre tels que l'extension de la taille des échantillons à analyser, qui peut aller de quelques micromètres cubes à quelques centimètres cubes et la particularité d'offrir une grande profondeur de champ allant jusqu'à plusieurs centaines de microns, néanmoins, elle présente quelques inconvénients tels que la mise sous vide, l'aptitude de l'échantillon à supporter un bombardement intense (50kV) sous vide (ce qui n'est pas le cas de certains polymères) et la nécessité que le matériau étudié soit conducteur (sinon le rendre conducteur par dépôt d'une couche mince d'or par exemple.)

Pour cette étude, un microscope MEB Hitachi S-2360N opérant à 20kV a été utilisé. Les échantillons de fibres ont été couverts d'un film d'or pour les rendre conducteurs. Cette caractérisation microscopique va nous permettre de comprendre la morphologie des fibres, leur structure à l'échelle microscopique, ainsi que voir l'effet de chaque traitement sur les 3 types de fibres.

La figure 46 montre une image d'une tige d'Alfa non traitée de section circulaire (1 mm de diamètre environ). La surface extérieure est lisse et sans topographie particulière à priori grâce à la présence des cires et des matières gommeuses, contrairement à la surface interne qui est marquée par la présence en relief de substances non cellulosiques en forme de pics. Ces substances sont sans doute de la lignine, des pectines et des hémicelluloses, présentes en grande quantité pour maintenir la structure fibreuse et la consolider comme dans une structure composite [88]. La section montre également d'une façon moins claire à cause de la qualité de la découpe, la présence de faisceaux de fibres espacés par des vides concentrés plutôt au milieu de la tige.

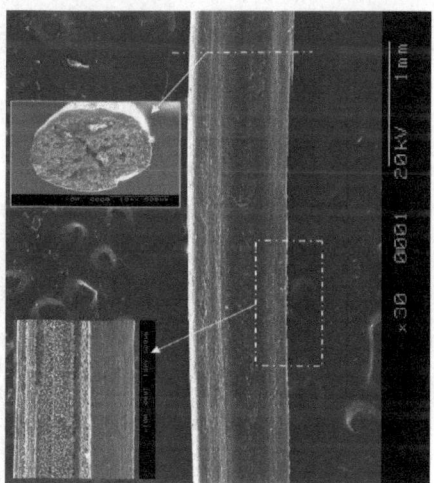

Figure 46. Image MEB d'une tige d'Alfa non traitée

Un examen d'une fibre issue de la première extraction mécanique (Figure 47) montre que la surface de celle-ci n'est pas différente de la surface brute, ceci est sans surprise puisque cette extraction consistait simplement à réduire la section. Nous assistons à un véritable changement de la structure après la 2ème extraction, les faisceaux fibreux sont bien mis en évidence et les fibres ultimes sont identifiables comme nous pouvons le remarquer sur la figure 48. La surface est en général bien propre, quant aux fibres, elles sont cylindriques et parallèles les unes par rapport aux autres mais encore collées malgré la disparition quasi globale des composants non cellulosiques ; cela peut être dû à la lignine résiduelle, ce phénomène disparaitra avec un peignage approprié.

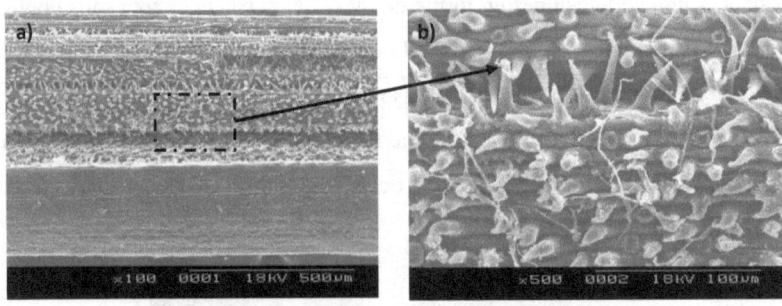

Figure 47. Image MEB d'une surface de fibre α1 (a) et son agrandissement (b)

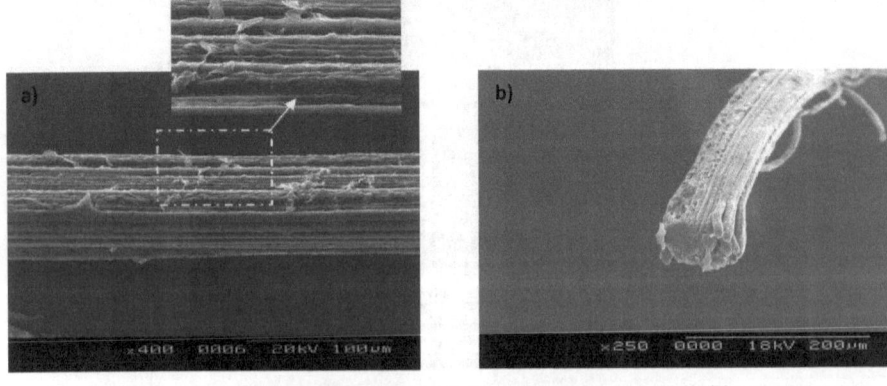

Figure 48. Images MEB d'une surface de fibre α2 (a) et une vue de la section (b)

88

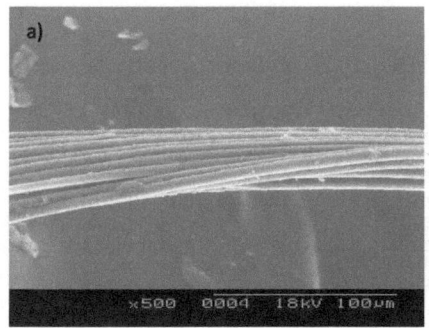 

Figure 49. Images MEB d'une fibre technique α3 (a) constituée de faisceaux de fibres cellulosiques propres (b)

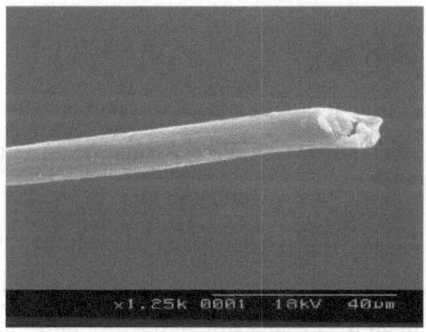

Figure 50. Fibre individuelle α3

Sous l'effet du traitement enzymatique, les fibres α3 présentent une surface plus propre et plus lisse. Comme nous montre la figure 49, les fibres sont toujours alignées et parallèles et semblent être moins collées. Les dépôts, par endroit, que nous avons observés sur la surface des fibres α2 sont éliminés, laissant derrière eux une surface cellulosique bien propre, ce qui montre l'efficacité des 3 extractions effectuées et leur complémentarité. La figure 50 montre une fibre ultime d'Alfa bien isolée. La surface est cylindrique et mesure 10 µm de diamètre environ. Nous remarquons également la présence d'un lumen très petit, ce qui donne à la fibre un pouvoir d'isolant thermique sans trop affaiblir ses propriétés mécaniques.

2.4. Mesure de la densité

La densité des fibres textiles est une caractéristique physique importante parce qu'elle affecte d'une façon directe le poids du produit réalisé avec ces fibres. C'est pour cette raison que les produits fabriqués à partir de fibres de verre (densité = 2.56) ont tendance à être des produits lourds, contrairement à ceux fabriqués de fibres de Polyéthylène (densité = 0.92 qui seraient plus légers). Ce paramètre est très important quand il s'agit d'applications techniques ou lorsque l'usage serait dans le domaine des composites où les fibres légères sont de loin les préférées. Pour les fibres végétales, les densités sont relativement faibles et se situent entre 1.4 et 1.5 en général.

Pour déterminer la densité d'un échantillon, il faut connaître 2 grandeurs : la masse et le volume de celui-ci. La densité d'une substance est le rapport de sa masse sur son volume. Autant la mesure de la masse est très facile et accessible et ne pose aucun problème, autant la détermination du volume présente des difficultés expérimentales. En effet, l'échantillon contient de l'air, cette quantité d'air change d'un échantillon à un autre et d'une structure à une autre aussi (fibre, fil ou étoffe). Ainsi, la mesure du volume total est différente du volume des fibres, cette mesure est encore plus délicate dans le cas des fibres creuses. Cette mesure se fait généralement par immersion de l'échantillon dans un liquide, le volume n'est que le déplacement de ce liquide (Figure 51). Nous pouvons être confrontés à 2 problèmes majeurs :

- Le premier : le liquide ne rentre pas dans toutes les cavités et les fissures présentes sur la surface des fibres, par conséquent, le volume mesuré est surestimé et, par la suite, la densité est sous-estimée, c'est ce que nous conduirait à une densité apparente.

- Le deuxième : le liquide est absorbé par les fibres, donc un déplacement de volume moins important et, par la suite, un faible volume et une densité plus importante.

Donc, pour bien déterminer la densité d'un matériau, il faut utiliser un liquide qui mouille l'échantillon mais qui ne le fasse pas gonfler, qui ne le cristallise pas et qui ne modifie pas sa structure.

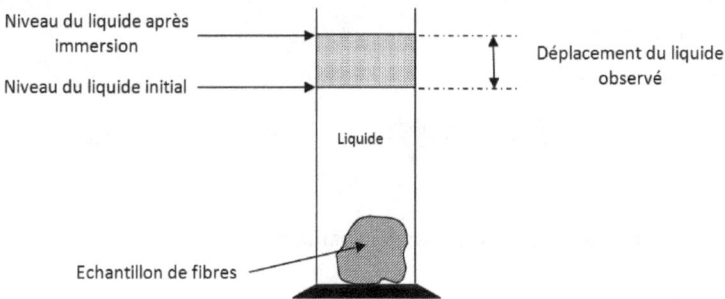

Figure 51. Détermination du volume par immersion dans un liquide

Pour la mesure de densité des fibres d'Alfa, et compte tenu des inconvénients de cette méthode, nous avons opté pour une autre méthode, il s'agit de la Pycnométrie à gaz. Le même principe est utilisé sauf que le liquide est remplacé par un gaz, ce qui évite la modification du volume par absorption et, en même temps, offre la possibilité de connaître le volume réel puisque le gaz peut occuper tous les vides correspondants au volume libre accessible de la fibre [139].

Nous avons donc réalisé nos mesures à l'aide d'un pycnomètre à Hélium de type Micromeritics AccuPyc 1330. La petite taille des atomes d'hélium permet d'accéder aux pores les plus fins, rendant ainsi la mesure de la masse volumique très précise. L'échantillon à analyser est introduit dans la cellule du pycnomètre. Le gaz est confiné (pression P_1) dans une cellule de volume connu (V_c). Il est ensuite libéré dans un volume de détente (V_2). On obtient une pression P_2. Le volume (V_e) de la masse connue d'échantillon (M) est déterminé selon la loi de Mariotte :

$$(P_1 - P_a).V_1 = (P_2 - P_a).V_2 \qquad \text{(Équation 4)}$$

Sachant que : $V_1 = V_c - V_e$
On en déduit :

$$V_e = V_c - \frac{(P_2 - P_a).V_2}{(P_1 - P_a)} \qquad \text{(Équation 5)}$$

La masse volumique sera ensuite calculée par la relation :

$$\rho = \frac{M}{V_e} = \frac{M}{V_c - \frac{(P_2 - P_a).V_2}{(P_1 - P_a)}} \qquad \text{(Équation 6)}$$

Avec :
P_1 : est la pression du gaz confiné
P_2 : est la pression du gaz libéré
P_a : est la pression atmosphérique
V_1 : est le volume du gaz confiné
V_2 : est le volume du gaz à la détente (d'expansion)
V_e : est le volume de l'échantillon
V_c : est le volume de la cellule

10 tests sur chaque type de fibre ont été effectués et chaque série de mesures est précédé par un étalonnage de l'appareil. Une masse de fibres de 0.2 g est introduite dans un récipient en Aluminium de 1 ml. Les résultats sont présentés dans le diagramme ci-dessous (Figure 52).

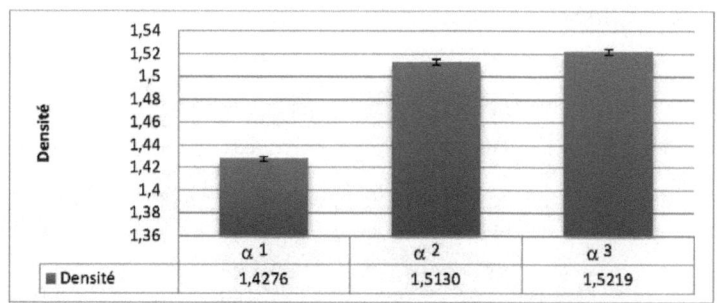

Figure 52. Résultats de la mesure de densité

Nous remarquons d'une manière assez claire que les densités augmentent avec l'avancée des traitements. Il est clair que lorsque la lignine, les pectines et les hémicelluloses sont moins présentes dans l'échantillon, sa masse volumique est plus élevée. En nous basant sur les valeurs bibliographiques de différentes substances qui existent dans la tige d'Alfa, nous trouvons que les densités de la cellulose I_β, des hémicelluloses, de la lignine et des pectines pures sont respectivement : 1.63, 1.52, 1.33 et 1.00 [140,141]. Donc la cellulose est la substance la moins légère de tous les autres composants de l'Alfa, ce qui explique que plus cette matière est présente en proportion importante, plus la masse volumique de notre échantillon est importante. Ainsi, cette mesure de densité constitue également un moyen de vérification de l'élimination des matières non cellulosiques. Ci-dessous, un schéma simplifié de l'évolution de la densité en fonction du traitement et son positionnement par rapport à celles de la cellulose $I\beta$, des hémicelluloses, de la lignine et des pectines pures. La comparaison de valeurs obtenues avec celles des fibres végétales montre que la densité de l'Alfa se situe dans la plage moyenne de ce type de fibres.

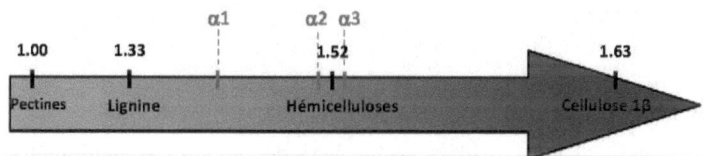

Tableau 11. Tableau donnant les densités de différentes fibres végétales avec celles trouvées pour l'Alfa [94]

Fibres	Densité
Alfa (α1)	1.43
Alfa (α2)	1.51
Alfa (α3)	1.52
Coton	1.55
Lin	1.53
Chanvre	1.07
Jute	1.44
Ramie	1.56
Sisal	1.45
Coco	1.15

2.5. Mesure du taux de reprise et d'absorption d'eau

Connaitre la teneur en eau d'une matière textile s'avère d'une importance majeure. D'un point de vue industriel, ceci a une influence sur le bon déroulement du processus de transformation et de fabrication. D'un point de vue commercial, ce paramètre peut modifier la masse d'une marchandise d'un environnement à un autre, donc d'un pays à un autre, d'où la nécessité de le comprendre et le maitriser afin d'établir une référence commune. Et d'un point de vue structural, l'humidité parallèlement avec la température, peut altérer les propriétés physiques, chimiques et mécaniques du matériau. Afin de caractériser le comportement des fibres d'Alfa en présence d'eau, nous allons mesurer leur taux d'humidité et le taux d'absorption sous une atmosphère bien contrôlée.

2.2.1. Le taux de reprise

Le taux de reprise est défini comme étant la quantité d'eau présente dans l'air que peut absorber 100 g de matière sèche dans des conditions hygrométriques bien déterminées. Nous utilisons la méthode gravimétrique conformément à la norme française NF G 08-001-4 [142]. L'échantillon est déshydraté dans une étuve pendant 12 heures à 60°C et ceci jusqu'à avoir une masse anhydre constante (Ms). Ensuite, l'échantillon est placé dans une pièce où la température est de 22°C et l'humidité relative est de 62%. L'échantillon est pesée toutes les 15 min. La mesure est considérée terminée lorsque deux pesées successives donnent une différence inférieure ou égale à 5% de la masse de l'échantillon.

Les résultats de ces essais sont représentés sur la figure 53.

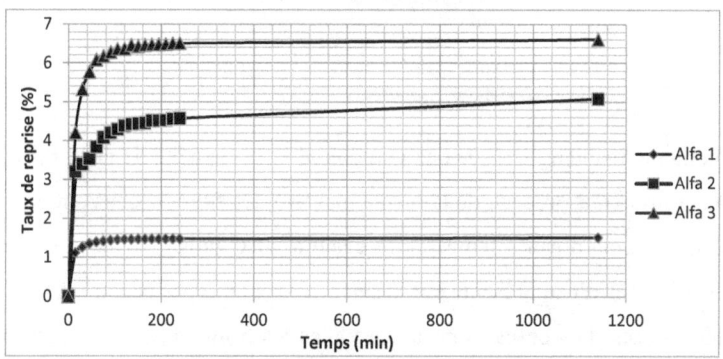

Figure 53. Evolution du taux de reprise en fonction du temps

Nous observons une augmentation du taux de reprise après chaque traitement supplémentaire, ainsi nous passons de 1.47% pour $\alpha 1$ à 6.62% pour ce qui concerne $\alpha 3$. Les valeurs de $\alpha 2$ et $\alpha 3$ sont très voisines à celles des fibres végétales (Tableau 12) contrairement à $\alpha 1$ qui a une valeur très faible, ceci est principalement dû à la présence importante des matières non cellulosiques hydrophobes. La valeur trouvée pour $\alpha 3$ par exemple, indique qu'un produit fabriqué à partir de cette fibre offrira une sensation de confort assez bonne puisqu'il va absorber jusqu'à 7% d'humidité environ, valeur très proche de celle du coton.

Tableau 12. Taux de reprise de différentes fibres végétales [143,144]

Fibres	Taux de reprise (%)
Alfa (α1)	1.47
Alfa (α2)	4.64
Alfa (α3)	6.62
Coton	7-8
Lin	7
Chanvre	8
Jute	12
Ramie	6

2.2.2. Taux d'absorption d'eau

De la même manière, nous avons voulu étudier la capacité de ces fibres à absorber l'eau. Nous avons procédé de la même manière, les fibres sèches ont été introduites dans un volume d'eau à température égale à 20°C puis essuyées légèrement pour enlever l'excès d'eau présente sur la surface et qui n'a pas pénétré dans les fibres et ensuite pesées. Les pesées sont faites toutes les 5 minutes, vu l'augmentation très rapide du poids, nous avons ainsi observé l'évolution de la masse des fibres en fonction du temps (Figure 54). La mise en œuvre de cet essai n'a été simple et même après plusieurs tentatives, les valeurs restent dispersées.

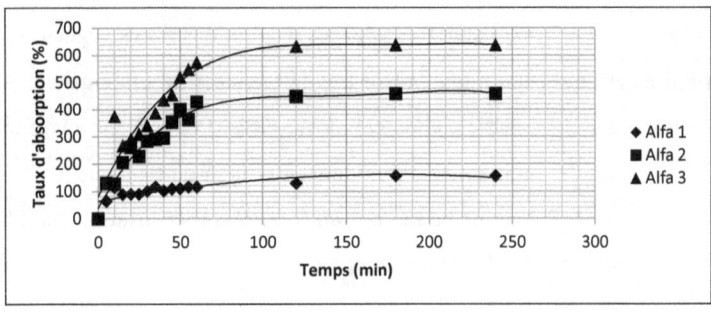

Figure 54 . Evolution du taux de d'absorption d'eau en fonction du temps

Les fibres d'Alfa peuvent absorber jusqu'à 640% de leur masse en eau pour les fibres α3 et 460% pour α2, et seulement 156% pour α1. Nous expliquons cette évolution par les mêmes raisons exprimées pour le taux de reprise.

2.6. Mesure de la conductivité thermique

Parmi les avantages d'utiliser des fibres végétales est leur pouvoir d'isolant thermique, comme la fibre d'Alfa fait partie de cette catégorie de fibres, nous nous intéressons donc à évaluer cette propriété et de la situer par rapport aux autres fibres textiles.

La propriété d'isolation thermique des fibres d'Alfa a été évaluée par la détermination du coefficient de conductivité thermique à l'aide du module thermique Thermolab II du KES (Kawabata Evaluation System) (Figure 55) [145-146]. Le principe du test est le suivant: l'échantillon est placé entre 2 plaques l'une à température ambiante et l'autre est chauffée. Nous avons introduit un élément isolant afin d'éviter les fuites latérales et pour délimiter la surface occupée par les fibres, ainsi, nous connaissons la superficie exacte qu'elles occupent. Le test consiste à mesurer la puissance nécessaire pour maintenir la différence de température entre les plaques constante (W). L'essai est réalisé à une température de 20°C et dure 60 secondes. Ensuite, le coefficient de conductivité thermique λ est donné par la formule suivante :

$$\lambda = \frac{W.h}{S.\Delta T} \text{ en } (\frac{W}{m.K})$$ (Equation 7)

Avec:

W: est la puissance fournie par le boitier chauffant (générateur de puissance) pour maintenir ΔT constante (en Watt)

ΔT : est la différence de températures entre les 2 plaques (en Kelvin)

S : est la surface occupée par les fibres (en m²)

h : l'épaisseur de la couche des fibres (en mètre)

La différence de température ΔT entre les surfaces froide et chaude est fixée à 10°C. Quant à l'épaisseur de l'échantillon est déterminé avec le module de compression KES – FB3 Compression Tester sous une pression de 0.6 KPa dans les conditions standards Kawabata. Cette pression correspond à celle exercée par le boitier chauffant.

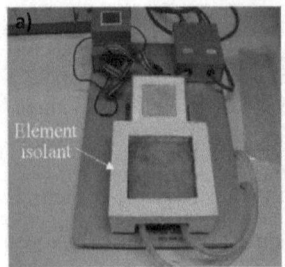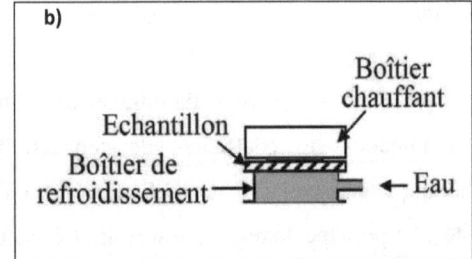

Figure 55. Photo du module thermique KES (a) et le schéma de principe du test (b)

5 tests ont été effectués pour les fibres α2 et α3, les fibres α1 étant impossible à caractériser. Vu leur rigidité, il était très difficile de remplir l'espace qui leur est réservé sans laisser beaucoup d'espace entre elles. Les résultats trouvés ainsi que les valeurs bibliographiques des autres fibres naturelles sont donnés dans le tableau 13 ci après.

Tableau 13. Coefficients de conductivité thermiques de différentes fibres naturelles[147]

Fibres	λ (W/m.K)
Alfa (α2)	0.043
Alfa (α3)	0.042
Coton	0.039 à 0.042
Lin	0.037 à 0.041

Chanvre	0.041 à 0.044
Laine	0.039 à 0.042
Béton (pour comparaison)	1.75
Acier (pour comparaison)	52

Ces valeurs montrent à quel point les fibres végétales sont des bons isolants thermiques, en fait, plus le coefficient λ est faible, plus le matériau est un bon isolant. Les fibres $\alpha 2$ et $\alpha 3$ n'échappent pas à cette règle et se trouvent avec un coefficient de conductivité thermique du même ordre que les autres fibres naturelles. Ces résultats indiquent une éventuelle application de ces fibres comme isolants thermiques. Cependant, vu le nombre restreint de mesures effectuées, la différence non significative des résultats et les divergences qui ont été trouvées en bibliographie, cette caractérisation est très entachée d'incertitudes.

2.7. Spectroscopie Infra-Rouge à Transformée de Fourier par une Réflexion Totale Atténuée (FTIR- ATR)

La spectrométrie Infrarouge à transformée de Fourier (en anglais : Fourier Transform InfraRed spectroscopy FTIR) est une technique efficace qui va nous permettre d'analyser les propriétés chimiques et structurales de différentes fibres extraites de la plante d'Alfa afin d'étudier les modifications résultants de traitements effectués. Cette technique est basée sur le fait que les molécules possèdent des fréquences spécifiques pour lesquelles elles vibrent (ou tournent) en correspondance avec des niveaux d'énergies appelés : modes vibratoires. Ici la radiation incidente est de type infrarouge. Pour cette technique particulière (à transformée de Fourier), la lumière infrarouge, après avoir rencontré l'échantillon, passe au travers d'un interféromètre de Michelson (et non pas un monochromateur) constitué d'une séparatrice de faisceaux, d'un miroir fixe et d'un miroir mobile. Le signal enregistré s'appelle interférogramme, il subit une transformée de Fourier pour être finalement tracé et devient un spectre [148,149].

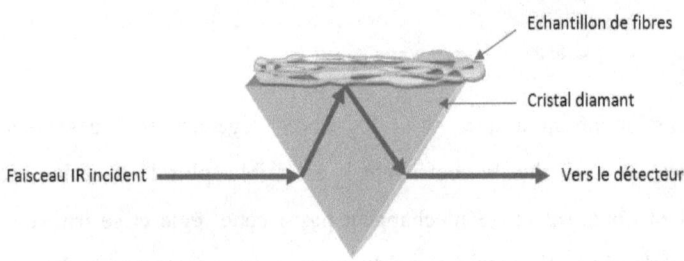

Figure 56. Schéma de principe de la spectrométrie FTIR-ATR sur des échantillons fibreux.

Dans ce travail, les mesures ont été réalisées à l'aide d'un spectromètre Bruker IFS66/S dans une gamme spectrale de 4000-400 cm^{-1} avec une résolution de 4 cm^{-1}. L'acquisition des spectres est réalisée sous flux d'air sec avec 100 balayages (interférogrammes) par spectre. Les spectres sont analysés après soustraction du spectre du cristal nu. La figure 57 présente les différents spectrogrammes trouvés pour $\alpha 1$, $\alpha 2$ et $\alpha 3$.

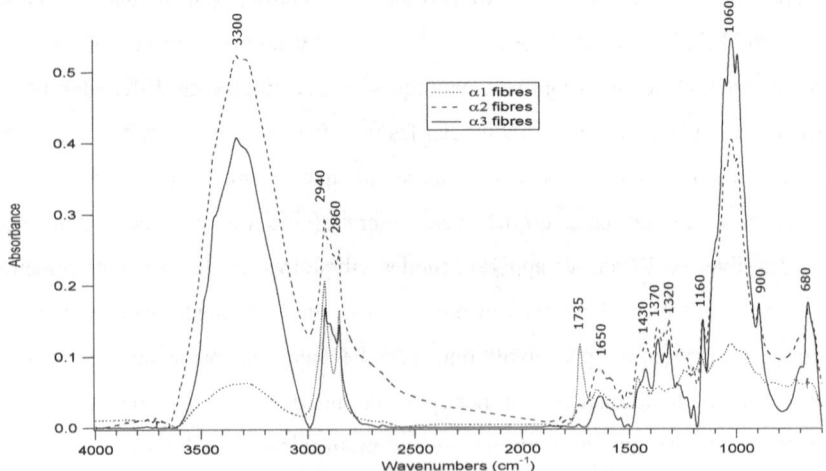

Figure 57. Spectres FTIR des différentes fibres d'Alfa

Plusieurs gammes spectrales d'intérêt doivent être considérées dans cette étude. Dans la gamme de faibles longueurs d'onde, 3 bandes localisées à 1060, 1100 et à 1160 cm^{-1} correspondent respectivement aux modes de vibration d'élongation du groupement C-OH, de vibration d'élongation symétrique du groupement glycosidique C-O-C et enfin le pic d'absorbance majeur reflétant la structure cyclique des glucides, tous ces pics sont représentatifs de la cellulose. D'autres pics à des longueurs d'onde de 1370 et 1320 cm^{-1} témoins de la présence des groupements alcool ont été identifiés. Au fil de différents traitements subis, l'intensité de ces pics a augmenté, ce qui montre une certaine augmentation de la proportion de la cellulose de α1 à α3, passant par α2.

Le pic à 1735 cm^{-1} observé dans le spectrogramme des fibres α1 associé à la vibration d'élongation du groupement carbonyle C=O indiquant la présence des pectines est vu disparaitre progressivement après l'extraction à la soude et aux pectinases.

Les pics observés à la longueur d'onde de 1430 cm^{-1} correspondant à la vibration de flexion du groupement CH$_2$, et à 1535 cm^{-1} correspondant à la vibration de la liaison C-H dans le cycle aromatique présents dans la lignine, ont considérablement baissé.

La bande qui se situe entre 3000 et 3600 cm^{-1} attribuée au groupement O-H (étirement de la liaison hydroxyle) a fortement augmenté en intensité d'une part à cause de l'augmentation de la proportion de la cellulose dans les fibres, mais aussi comme conséquence à l'extraction alcaline ceci montre également qu'il reste des résidus de soude sur la surface des fibres.

D'autres pics montrent la présence de la cellulose comme ceux observés à 2940 et 2860 cm[-1], attribués à la vibration d'élongation de la liaison C-H et du groupement CH_2 respectivement. Egalement les bandes localisées à 900 cm[-1] et à 680 cm[-1], respectivement caractéristiques de la vibration d'étirement C-O-C (la liaison glycosidique β) et de la vibration de déformation de la liaison C-OH [150-152].

Les spectres relatifs aux différentes fibres d'Alfa, malgré leurs différences, nous rappellent le spectre IR du coton. Ceci est dû à la similitude des 2 structures essentiellement composées de cellulose. Ci après (Figure 58) une capture écran du logiciel utilisé pour le traitement des spectres FTIR, ainsi nous pouvons comparer le spectre d'une fibre α2 (en haut) avec celui des fibres de coton issu de la base de données du logiciel (en bas).

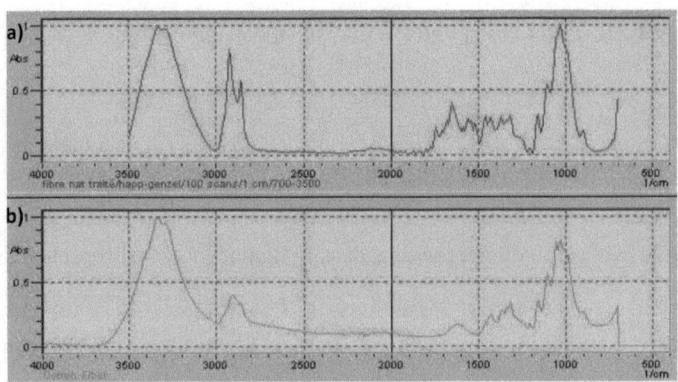

Figure 58. Capture d'écran avec les spectres des fibres d'Alfa α2 (a) et celui des fibres de coton (b)

2.8. Diffractométrie aux rayons X

La diffraction de rayons X (DRX) est une technique d'analyse structurale basée sur la diffraction des rayons X sur un échantillon. Elle permet, entre autres, d'analyser la structure cristallographique des matériaux cristallins et de déterminer la taille des domaines cristallins. La diffraction n'est possible que sur la matière cristalline, autrement il s'agit de la diffusion. Les données collectées forment le diffractogramme. Au fil du temps, cette technique a beaucoup évolué et plusieurs modèles de diffractomètre existent aujourd'hui selon l'application et les données recherchées mais la méthode générale consiste à bombarder l'échantillon avec des rayons X et à détecter l'intensité de rayons diffusés selon l'orientation dans l'espace. L'enregistrement de l'intensité détectée est en fonction de l'angle de déviation 2θ du faisceau [152-154]

Ces rayons diffractés par l'échantillon obéissent à la loi de Bragg [155] :

$$2.d_{hkl}.\sin\theta = n.\lambda \qquad \text{(Equation 8)}$$

Où:

d_{hkl} : est la distance qui sépare deux plans orientés {hkl} appelée distance inter-réticulaire

λ : est la longueur d'onde de la radiation utilisée

θ : est le demi-angle de diffraction des RX ;

n : est un nombre entier représentant l'ordre de diffraction

La figure 59 illustre cette loi :

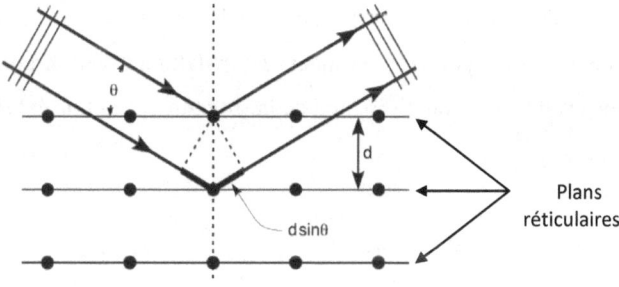

Figure 59. Principe de la loi de Bragg

Les analyses réalisées dans ce travail de thèse ont été réalisées par diffraction des rayons X en montage θ-2θ (thêta – 2 thêta). Dans cette technique, la source de rayonnement est fixe, le porte-échantillon est mobile, ce montage est le plus simple d'un point de vue mécanique et le plus utilisé puisque le tube qui est la partie la plus lourde est fixe, contrairement à la configuration θ-θ (thêta – thêta). L'appareil utilisé est un diffractomètre Philips X'Pert Pro avec une radiation CuKα (λ = 1.5418 Å). Un intervalle d'angle 2θ de 5° à 70° a été scanné avec un pas de 0.05° en utilisant un monochromateur en graphite et un voltage de 40 KV. Les résultats de ce test sont donnés dans le diffractogramme de la figure 60.

Ces diagrammes présentent tous un pic intense à 2θ = 23° correspondant aux plans cristallographiques [0 0 2] de la cellulose Iβ. Deux autres pics moins intenses sont observés à des angles 2θ 12° et 17° qui correspondent respectivement aux plans cristallins [$\overline{1}$ 0 1] et [$\overline{1}$ 1 1] de la cellulose II. Le pic à 12° pourtant visible pour α1, a disparu pour α2 et α3 probablement à cause d'une dégradation partielle de la cellulose. Deux autres pics situés à 35° and 47°, de faible intensité, correspondent respectivement aux plans cristallographiques de la cellulose [$\overline{2}$ 3 1] et [$\overline{4}$ 1 2] [156,157].

Un indice de cristallinité (CrI) a été calculé en vue de ces informations, selon la méthode de Segal [158,159], l'index de cristallinité peut être estimé à partir des valeurs des intensités de diffraction de la structure cristalline et celles de la structure amorphe.

$$CrI \ (\%) = \frac{I_{002} - I_{am}}{I_{002}} \times 100 \qquad \text{(Equation 9)}$$

Avec :

I_{200} : est l'intensité du pic de la phase cristalline à $2\theta = 23°$

I_{am} : est l'intensité à $2\theta = 18°$

Ces index ont été calculés en se basant sur l'Equation 9 et présentés dans le tableau 14.

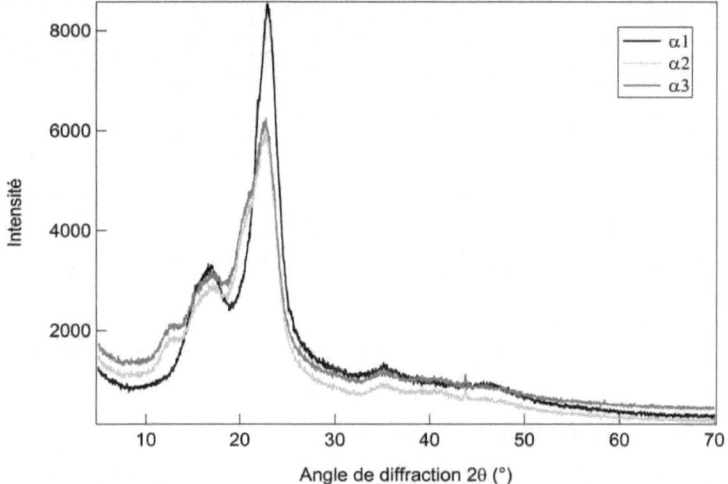

Figure 60. Diffractogrammes de rayons X des fibres d'Alfa

Ces résultats nous montrent que l'indice de cristallinité augmente après chaque traitement que les fibres d'Alfa ont subi : 56.6% pour α1, 71.8% pour α2 et jusqu'à 73% pour les fibres α3. Ceci confirme l'hypothèse de l'élimination progressive des substances non cellulosiques (la partie amorphe) de la tige d'Alfa, et montre que la proportion de cellulose (structure cristalline) présente dans les fibres ne cesse d'augmenter.

Tableau 14. Principaux résultats issus des différents diffractogrammes DRX

Fibre	2θ (°)	hkl	Indice de cristallinité (%)
α1	12	$\bar{1}$ 0 1	
α1	17	$\bar{1}$ 1 1	
α1	23	0 0 2	56.6
α1	35	$\bar{2}$ 3 1	
α1	47	$\bar{4}$ 1 2	
α2	17	$\bar{1}$ 1 1	
α2	23	0 0 2	
α2	35	$\bar{2}$ 3 1	71.8
α2	44	$\bar{4}$ 1 2	
α3	17	$\bar{1}$ 1 1	
α3	23	0 0 2	
α3	35	$\bar{2}$ 3 1	73
α3	44	$\bar{4}$ 1 2	

2.9. Mesure de l'énergie de surface

Les angles de contact et les énergies de surface donnent des informations très intéressantes sur la mouillabilité, ce qui est d'une importance majeure lorsqu'il s'agit de modification de surface ou lors des problèmes d'adhésion avec d'autres matériaux.

Pour la détermination des angles de contact, nous avons utilisé un tensiomètre K14 de la marque KRÜSS GmbH. La mesure nécessite l'utilisation d'un liquide polaire et un autre apolaire avec des paramètres connus, pour nos mesures nous avons utilisé de l'eau distillée et du diiodométhane (CH_2I_2). La méthode de Wilhelmy est utilisée [160] : cette méthode consiste à plonger l'échantillon (une fibre technique) dans le liquide jusqu'à une profondeur de 4-5 mm à une vitesse très faible (50.3

µm/s), et à le retirer à la même vitesse tout en mesurant la force exercée à l'aide d'une micro balance électronique dans une pièce où la température est fixée à 23°C (Figure 61).

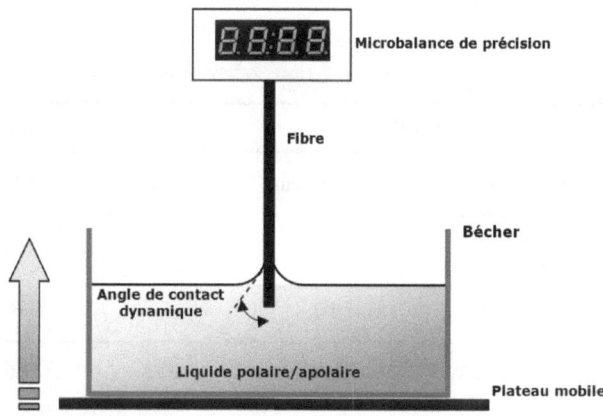

Figure 61. Principe de la méthode Wilhelmy pour mesurer la tension de surface

L'angle de contact θ est calculé à partir de la tension de surface du liquide γ_L, du périmètre de la fibre P et de la force mesurée F selon l'équation 10 :

$$F = P . \gamma_L . \cos\theta \qquad \text{(Equation 10)}$$

Ensuite, l'énergie de surface est calculée en utilisant l'équation 11 de Young-Dupré et l'équation 12 de Fowkes :

$$\gamma_L . (1 + \cos\theta) = 2 . \sqrt{\gamma_s^d . \gamma_l^d} + 2 . \sqrt{\gamma_s^p . \gamma_l^p} \qquad \text{(Equation 11)}$$

$$\gamma_T = \gamma^d + \gamma^p \qquad \text{(Equation 12)}$$

Avec:

γ_T : est l'énergie de surface totale

Les indices s et l : pour désigner respectivement les phases solide et liquide

Les indices d et p : pour désigner respectivement les liquides dispersif et polaire

Les résultats qui donnent les énergies de surface ainsi que les angles de contact sont regroupés dans le tableau 15.

Tableau 15. Les énergies de surfaces des fibres d'Alfa et des liquides de référence (en mJ/m²)

	Les liquides		Les fibres		
	Eau	Diidométhane	*α1*	*α2*	*α3*
$\gamma^d_{(s\ ou\ l)}$	21.8	49.5	33.2	29.8	23.4
$\gamma^p_{(s\ ou\ l)}$	51	1.3	4.6	1.8	0.7
γ_T (N.m^{-1})	72.8	50.8	37.8	31.6	24.1
θ (°)	-	-	42.1	52.4	57.3
Périmètre (mm)	-	-	1.1	0.67	0.62

Il est clair qu'avec l'avancement des traitements apportés aux fibres d'Alfa, les angles de contacts sont devenus plus importants contrairement aux énergies de surface qui ont baissé. Leur comportement a changé progressivement pour devenir moins hydrophile (θ étant toujours inférieur à 90°, nous ne pouvons pas parler d'un comportement hydrophobe). La modification de la tension superficielle d'un substrat est due à la modification chimique ou topographique de sa surface. Ce phénomène est clairement visible sur nos résultats, en effet, suite à l'élimination progressive de différentes matières présentes à l'intérieur des tiges mais aussi sur la surface, les traitements effectués ont certainement changé la structure chimique de la fibre étudiée (résultats confirmés par l'analyse FTIR). Les forces qui existent au niveau de la surface, de type Van der Waals ou de type liaisons hydrogène, sont capables de modifier la mouillabilité du matériau, dans notre cas l'utilisation de la soude a probablement créé des forces de ce type.

De plus, mesurer un angle de contact, sur des fibres singulières, s'est avéré pas simple et approximatif, cependant, cette mesure nous donne une première approche par rapport au phénomène de mouillage pour les fibres d'Alfa. En effet, la mesure de l'angle de contact dépend du périmètre de la fibre qui, à son tour, dépend de la morphologie de la plante, la variété et de la position de la fibre, mais aussi de l'état de surface qui dépend de la méthode d'extraction utilisée et des traitements appliqués.

2.10. Les propriétés mécaniques

Les performances mécaniques des fibres textiles sont à priori les propriétés techniques les plus importantes, elles contribuent activement au comportement des fibres pendant les procédés de transformations et au cours du cycle de vie du produit final. Dans cette section, nous allons étudier le comportement mécanique de nos fibres par un test de traction simple.

Les fibres d'Alfa ont été testées sur une machine de traction MTS selon la norme ASTM D3379-75 « Standard Tensile Method » [161]. Les fibres fixées par des pinces pneumatiques adaptées, ont été sollicitées à la traction à une vitesse de 2 mm/min et les efforts ont été mesurés à l'aide d'un capteur de force de 10N. La distance entre pinces est fixée à 50 mm. Après la rupture, l'éprouvette est récupérée et placée sous un microscope optique (grandissement 200x) afin de déterminer la section de la rupture. Ainsi, les contraintes, les allongements et les modules de Young moyen de différentes fibres d'Alfa ont pu être déterminés sur une population de 100 éprouvettes. Le tableau 16 récapitule les résultats issus du test de traction.

Tableau 16. Les propriétés mécaniques en traction des fibres d'Alfa

	α1		α2		α3	
	Moyenne	Ecart type	Moyenne	Ecart type	Moyenne	Ecart type
Contrainte à la rupture (MPa)	44.88	12.30	114.46	39.17	75	24.09
Allongement à la rupture(%)	3.02	0.46	1.63	0.64	1.12	0.22
Module de Young (GPa)	2.16	0.65	12.69	3.59	8.14	2.75

Comme le montre ce tableau et les graphiques ci-dessous (Figure 62), les fibres α1 possèdent de faibles propriétés mécaniques comparées aux autres types de fibres sauf pour l'allongement où elles représentent les fibres les plus extensibles. D'autre part, les fibres α2 semblent être les fibres les plus résistantes en termes de contrainte à la rupture et de module de Young. Elles ont des propriétés comparables avec les autres fibres naturelles (Tableau 4 en chapitre1 : Propriétés mécaniques en traction de quelques fibres végétales). Concernant les fibres α3, nous remarquons une légère régression par rapport à α2.

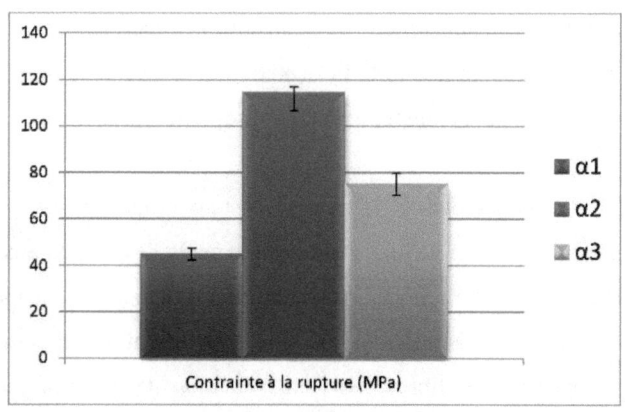

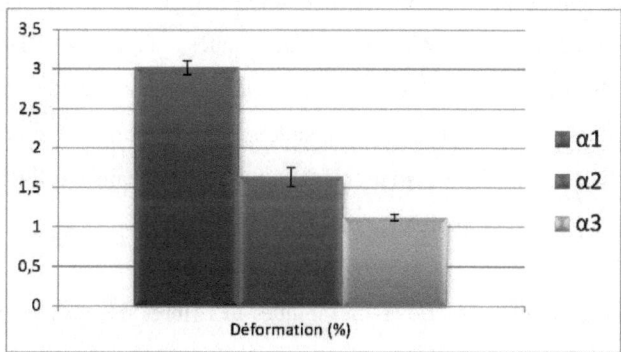

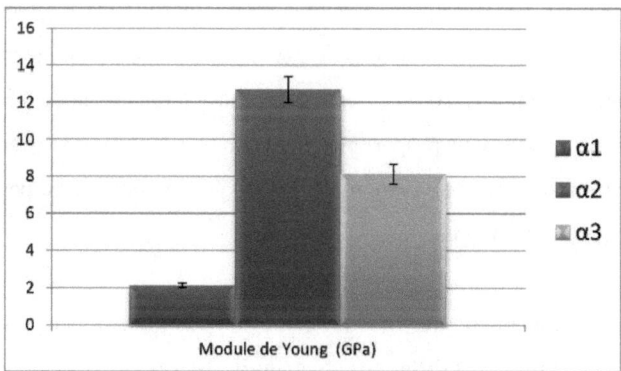

Figure 62.Graphiques présentant les propriétés mécaniques des fibres d'Alfa

Le traitement à la soude provoque des changements importants dans la composition chimique, le degré de cristallinité, l'orientation et le degré de polymérisation des fibres, tout cela a un impact important sur les propriétés mécaniques.

Comme il a été indiqué dans le tableau 16, le taux d'allongement a baissé suite à l'extraction à la soude et a continué cette baisse après l'extraction aux enzymes. En effet, avoir un allongement moins important après l'extraction à la soude et/ou aux enzymes est dû à la réorganisation des chaines moléculaires qui va résulter en une meilleure orientation des fibres et en augmentation de la cristallinité. Donc, les microfibres sont plus proches de l'axe de la fibre et s'étirent moins. De l'autre coté, l'élimination des composants non cellulosiques, augmente l'homogénéité à l'intérieur des fibres, il y a moins d'espaces vides et les contraintes sont transférées par le biais des fibres ultimes. En plus, suite à l'élimination des hémicelluloses, des nouvelles liaisons hydrogène sont créés pour relier les chaines cellulosiques, donc, une amélioration du comportement mécanique.

Concernant les faibles propriétés mécaniques des fibres $\alpha 1$, ceci est probablement du à la sur estimation de la section de rupture, en effet, la section mesurée au microscope n'est pas tout à fait la section réelle qui participe à dissiper les efforts. La section mesurée comporte un certain nombre de cavités qui n'est pas négligeable comme nous le montrons sur la figure 65 (a), la section est modélisée sur la figure (b) et pour simplifier, nous proposons un modèle de fibre naturelle sous forme d'une fibre creuse sur la figure (c). Cette modélisation nous permet de percevoir le volume réel participant à la traction.

Finalement, le traitement enzymatique aurait un effet hostile sur le comportement mécanique vu la baisse de différents paramètres observés. A ce stade, il est conseillé de revoir les conditions expérimentales de ce traitement et trouver une corrélation avec le comportement mécanique des fibres. En plus, nous prenons ces résultats avec beaucoup de vigilance vu leur dispersion statistique assez importante.

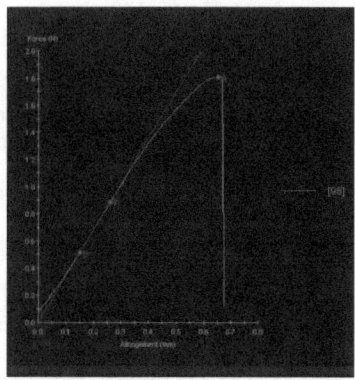

Figure 63. Courbe de traction typique d'une fibre d'Alfa

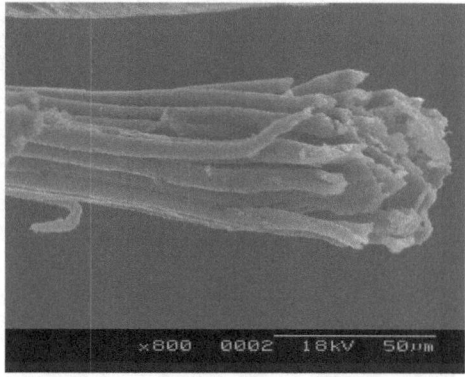

Figure 64. Un faciès de rupture d'une fibre d'Alfa après un test de traction

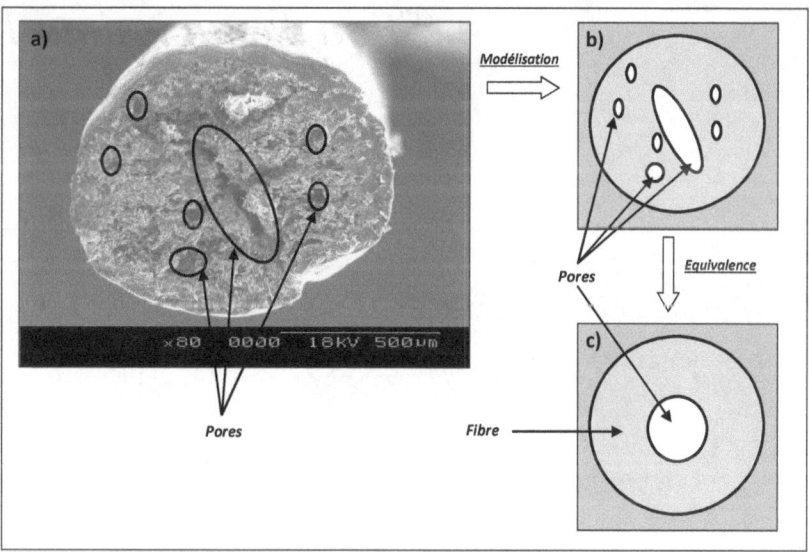

Figure 65. Cliché MEB de la section d'une fibre brute d'Alfa (a) représentation du modèle équivalent (b) représentation du modèle simplifié (c)

113

IV

Partie expérimentale :
Etude de la filabilité des
fibres d'Alfa
(Stipa Tenacissima L.)

L'étape de la filature est une étape cruciale dans le processus de transformation du textile. C'est lors de cette étape que les différentes caractéristiques du fil, et par la suite de l'étoffe, vont être définies. Cette étape consiste à élaborer des fils à partir de filaments discontinus et irréguliers, donc passer d'un milieu discontinu, hétérogène et anisotrope vers une structure organisée, continue et présentant une résistance mécanique suffisante. C'est l'objectif de ce chapitre, où nous allons produire plusieurs fils à partir des fibres d'Alfa obtenues précédemment. Nous définissons les conditions optimales pour l'obtention du meilleur fil possible en termes de résistance mécanique, régularité et pilosité en vue du tissage ou /et du tricotage.

1. Les essais de filature

L'opération de filature est une opération multi-étapes, elle se déroule sur plusieurs postes de travail selon un ordre bien déterminé. Chaque étape a un rôle bien défini qui détermine la qualité et les propriétés du produit final. Dans notre cas, nous avons suivi le procédé de la filature cotonnière avec quelques adaptations nécessaires à notre fibre (Figure 66).

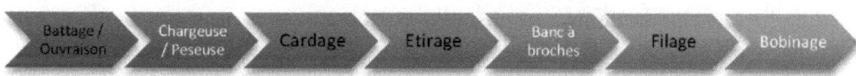

Figure 66. Procédé de filature: Cycle coton cardé (en blanc les étapes non retenues)

1.1. Le Battage / Ouvraison :

La filature des fibres d'Alfa commence par cette étape qui consiste à ouvrir les différents lots de fibres. En effet, les fibres ont été extraites et préparées en plusieurs fois et ensuite conditionnées. Donc, la présence d'une éventuelle hétérogénéité entre les lots est fort probable. Cette première étape a pour but :

- d'ouvrir ces lots qui peuvent présenter des fibres collées les unes aux autres suite au conditionnement.
- d'homogénéiser les lots et les mélanger.
- d'effectuer un nettoyage supplémentaire et d'enlever les poussières.

Cette opération est effectuée manuellement, puisque les machines industrielles existantes nécessitent des quantités de matière assez importantes et sont dotées d'une grande production (600-1200 kg/h). Sans trop solliciter les fibres, nous étalons horizontalement les différents lots les uns sur les autres (un mélange en sandwich) puis nous les mélangeons verticalement. Durant cette opération, 3% des fibres sont perdues.

1.2. Le cardage

La carde a cinq fonctions principales :
- L'individualisation et le démêlage des fibres.
- Le nettoyage très fin afin d'éliminer les dernières impuretés.
- L'élimination des fibres trop courtes.
- Le mélange et l'alignement des fibres.
- La mise en forme (Nappe → Voile → Ruban).

D'un point de vue technique, pour être démêlées, les fibres sont conduites à travers des cylindres munies de garnitures rigides (dans le cas de la filature cotonnière).

Etant donné que les cylindres ne tournent pas à la même vitesse, les fibres vont être accrochées aux garnitures, et finiront par se séparer.

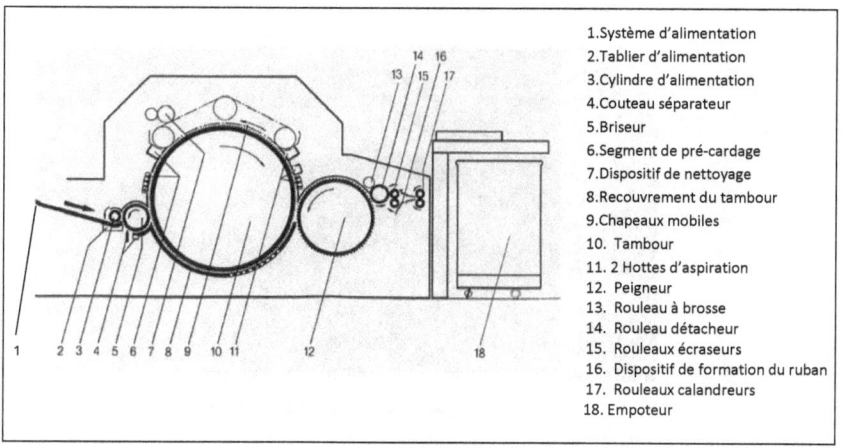

Figure 67. Schéma de principe d'une Carde EXACTACARD DK740 développée par TRÜTZSCHLER

Après avoir été homogénéisées, les fibres d'Alfa ont été passées dans une micro-carde «Platt» (Figure 68) au CIRAD (Centre de Coopération Internationale en Recherche Agronomique pour le Développement - Montpellier).

Dans une atmosphère contrôlée : 22°C de température et 66% d'humidité relative, nous avons introduit 15g de matière à l'entrée de la micro-carde, cependant, et contre toute attente, nous avons rencontré des difficultés énormes au moment de la formation du voile à la sortie de la carde. En effet, les fibres se présentaient bien sous forme d'une nappe très fine jusqu'au peigneur, mais cette nappe pas solide et dépourvue de toute cohésion se dissociait au niveau du rouleau détacheur. Ceci rend la formation du voile et par la suite du ruban impossible. En plus, le pourcentage de déchets a été anormalement élevé, entre 30 et 35%. Ceci peut être expliqué par le fait que les fibres d'Alfa fragiles cassaient lors de leur passage entre le grand tambour et les chapeaux, en effet, beaucoup de fibres très courtes ont été récupérées sous forme de déchets, et d'autres, pas assez longues, en sortie pour s'accrocher et former un voile.

Figure 68. Photo de la micro-carde du CIRAD

Après plusieurs tentatives, même avec des mélanges de proportions différentes de coton, cette méthode conventionnelle nous a parue inadéquate pour nos fibres, nous avons donc décidé de procéder autrement. Nous avons utilisé une ouvreuse de la marque GRAF France et de type OSCT. Cette ouvreuse dispose de 2 cylindres uniquement, le premier est un cylindre d'alimentation et le deuxième qui est le composant principal est semblable au grand tambour dans la carde, il est doté de garnitures métalliques et tourne beaucoup plus vite que le 1er cylindre pour réduire le nombre de fibres par unité de longueur (Figure 69). Grâce au nombre réduit de cylindres (et donc de garnitures et de dents métalliques), les fibres sont moins sollicitées et préservent mieux leur longueur jusqu'à la sortie. Par contre, le produit final est plus dense. Afin d'apporter plus de cohésion entre les fibres d'Alfa, nous avons réalisé des mélanges avec du coton brut en proportions différentes. Avec cette solution alternative, nous arrivons à remplir les 5 fonctions principales de l'opération de cardage évoquées précédemment, avec une limitation de la dernière fonction qui est la mise en forme du ruban ; en fait, nous avons une nappe de fibres assez dense et la formation du ruban ne se fera que lors de la prochaine étape.

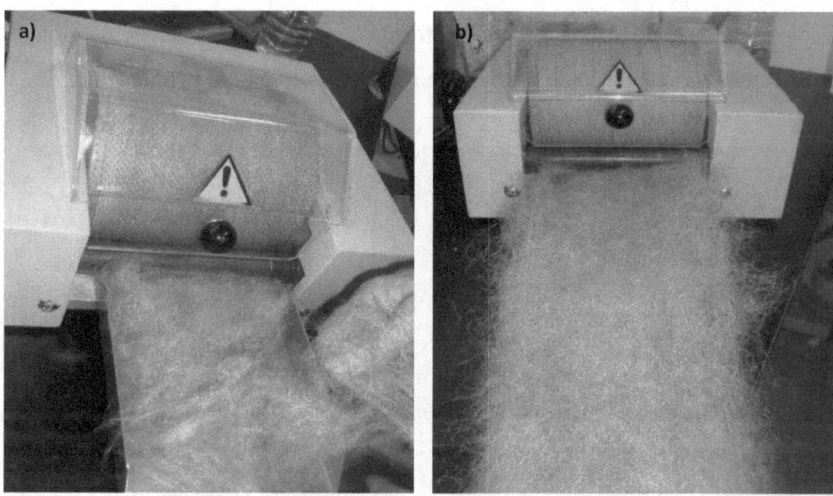

Figure 69. (a) Des fibres d'Alfa en bourre à l'entrée de l'ouvreuse
(b) La nappe de fibres obtenue à la sortie de l'ouvreuse

1.3. L'étirage

Après le cardage vient l'opération d'étirage, c'est une opération très importante dans le processus de filature vu les fonctions réalisées pendant cette étape. D'abord, l'étirage vient compléter et finir le travail d'individualisation et de parallélisation des fibres effectué avec la carde. Deux passages minimum sont nécessaires avec inversion du sens de l'alimentation à chaque passage pour ouvrir les crochets qui peuvent être présents aux extrémités des fibres. Ensuite, l'étirage assure la régularisation de la matière par doublage, plus le doublage est élevé plus la compensation des irrégularités est meilleure. En plus, lors de cette étape, nous avons la possibilité de réaliser des mélanges de différentes matières, dans ce cas, 3 passages successifs sont nécessaires pour homogénéiser la matière. Dans notre cas, un autre rôle s'ajoute lors du premier passage qui n'est que la formation du ruban à partir d'une nappe de fibres (Figure 70). Ensuite nous avons effectué 3 passages avec un doublage de 8 rubans à chaque fois (Figure 71). Les essais de filabilité ont été effectués sur une machine Shirley (Shirley Miniature Spinning Plant).

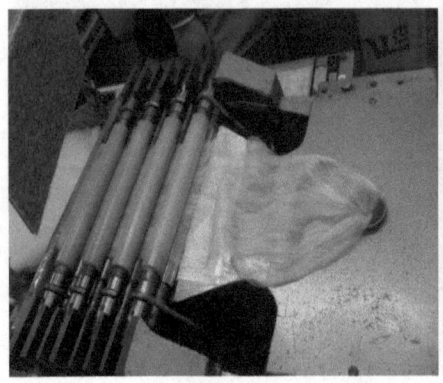

Figure 70. Premier passage au banc d'étirage : formation du ruban à partir d'une nappe de fibres

Figure 71. 3 passages supplémentaires au banc d'étirage : 8 rubans à l'entrée

Suite à cette opération, nous avons réalisé 4 sortes de rubans de titre égal à 2 Ktex environ :

1. 100% Alfa (Figure 72)
2. 10% Coton / 90% Alfa
3. 20% Coton / 80% Alfa
4. 30% Coton / 70% Alfa
5. 100% Coton

Le taux de déchets moyen calculé pour cette opération d'étirage est de 7%. C'est un pourcentage qui est tout de même élevé par rapport aux taux habituels communiqués en industrie. Cependant, nous essayons d'adapter un processus déjà existant sur de nouvelles fibres donc les paramètres des machines ne sont pas optimaux. En effet, notre démarche vise en priorité à étudier la faisabilité du procédé de transformation textile de la plante d'Alfa.

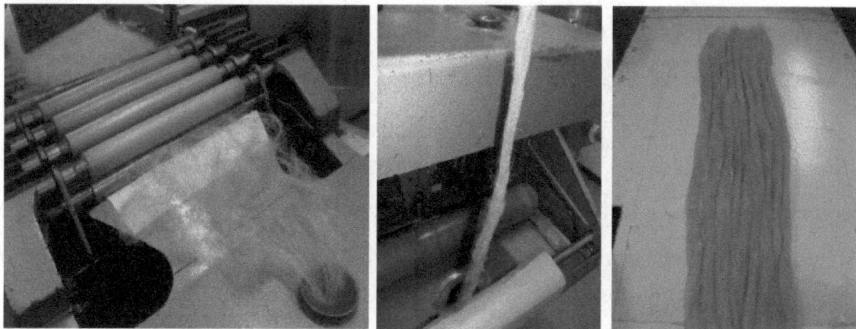

Figure 72. Illustrations de la fabrication du premier ruban 100% fibres d'Alfa

1.4. Le filage

À partir des rubans préparés grâce au banc d'étirage, nous nous sommes proposés de fabriquer 4 fils selon les proportions énoncées précédemment sur une machine d'échantillonnage. Ce Continu à Filer (CàF) offre la possibilité d'utiliser, comme matière d'entrée, des rubans et non pas des mèches comme avec les machines classiques, ce qui nous épargne une étape intermédiaire qui est le passage par un banc à broches. Un autre avantage que présente ce type d'appareil est la grande simplicité de la modification des paramètres de filage (le taux d'étirage et de la valeur de la torsion notamment) qui se fait directement sur un volant gradué monté sur un arbre relié à un pignon à chaîne.

Caractéristiques du continu à filer utilisé :

Marque : SKF – Spintester

Nombre de broches : 6

Système d'étirage : 3 cylindres, type Casablanca

Plage d'étirage : 10 – 115

Plage de la torsion : 200 – 1200 tr/m

Puissance du moteur : 1500 W

Possibilité de freiner : oui (chaque broche séparément)

Nous avons choisi de fabriquer 5 fils de composition différente, de 2 finesses couramment utilisées différentes : 30 et 40 Tex et de coefficient de torsion classique (α_{Nm}) égal à 120. Les valeurs de l'étirage et de la torsion sont alors calculées à partir des relations suivantes :

$$\text{Etirage} = \frac{\text{Titre du ruban}}{\text{Titre du fil désiré}}$$

$$\text{Torsion} = \alpha_{Nm} \cdot \sqrt{Nm} \quad (Tr/m)$$

Avec Nm : le numéro métrique du fil : $Nm = \frac{1000}{\text{Titre (tex)}}$

Certaines difficultés majeures ont été rencontrées lors de filage du fil 100% Alfa sur le continu à filer. En effet, au niveau du triangle de filage, un manque de cohésion entre fibres est à l'origine du glissement des fibres les unes par rapport aux autres, et a empêché la formation du corps du fil. Le même problème a été rencontré pour différents titres, différentes torsions et différentes vitesses. A ce stade, nous pouvons dire que fabriquer du fil à partir de l'Alfa pure n'est pas encore possible dans les conditions actuelles. Il faudrait plutôt essayer la filature au mouillé par exemple ou réaliser des mélanges avec d'autres types de fibres. C'est la deuxième alternative qui a été retenue et en présence des fibres de coton, l'adhérence est nettement meilleure. Les essais de filature se sont déroulés dans les conditions données par le tableau 17 ci-après.

Le code (ou le nom donné au fil pour le spécifier par la suite) est composé par les 2 chiffres qui représentent le pourcentage du coton présent dans le mélange, suivi par la lettre C comme « Coton », ensuite, les chiffres qui représentent le pourcentage des fibres d'Alfa, suivi par la lettre A comme « Alfa » et finalement par la valeur du titre et la lettre T comme « Tex ». Ainsi, un fil de 30 Tex par exemple composé de 30% de coton et de 70% d'Alfa sera nommé: *30C70A30T*.

Figure 73. Filage des fibres d'Alfa sur un continu à filer

Tableau 17. Liste des productions et leurs détails

Code	Composition	Titre (Tex)	Etirage	Torsion (Tr/m)	Vitesse de la broche (Tr/min)
10C90A30T	10% Coton 90% Alfa	30	78	693	1085

20C80A30T	20% Coton 80% Alfa	30	62	693	1066
30C70A30T	30% Coton 70% Alfa	30	67	693	1032
100C30T	100% Coton	30	52	693	1120
10C90A40T	10% Coton 90% Alfa	40	59	600	1254
20C80A40T	20% Coton 80% Alfa	40	46	600	1365
30C70A40T	30% Coton 70% Alfa	40	50	600	1277
100C40T	100% Coton	40	39	600	1288

$(\alpha_{Nm} = 120)$

Le coton utilisé dans ce mélange est un coton Egyptien cardé présentant les propriétés suivantes :

Tableau 18. Propriétés du coton en mélange avec les fibres d'Alfa

Propriétés	Coton en mélange
Longueur moyenne (mm)	25.2
Diamètre moyen (µm)	15
Ténacité à la rupture (N/Tex)	0.32
Allongement à la rupture (%)	5.6
Taux de reprise d'humidité (%)	7

2. Caractérisation des fils obtenus

2.1. Le titre

La première caractérisation effectuée sur les fils obtenus est la mesure du titre réel. Cette mesure est indispensable pour les autres types de caractérisations notamment celle du comportement mécanique. Une différence entre le titre réel et le titre désiré peut exister d'où la nécessité de la juger.

Le titrage des fils obtenus est réalisé suivant la méthode gravimétrique décrite dans la norme française NF EN 12751 [162]. 3 bobines sont placées sur un dévidoir, ensuite 100m sont prélevés et pesés afin de calculer le titre moyen. Les fils ont été conditionnés préalablement à une atmosphère normale (20°C pour la température et 65% pour l'humidité relative) comme le postule la norme en vigueur.

Tableau 19. Titres des fils mesurés et les écarts par rapport aux titres désirés

Fil	Titre désiré (Tex)	Titre mesuré (Tex)	Ecart (%)
10C90A30T	30	32.4 ($\pm$ 3.4)	8.0
20C80A30T	30	31.9 ($\pm$ 2.8)	6.3
30C70A30T	30	33.2 ($\pm$ 2.9)	10.7
100C30T	30	31.1 ($\pm$ 1.9)	3.7
10C90A40T	40	42.4 ($\pm$ 4.1)	6.0
20C80A40T	40	42.8 ($\pm$ 3.5)	7.0
30C70A40T	40	43.6 ($\pm$ 3.4)	9.0
100C40T	40	39.4 ($\pm$ 1.2)	1.5

(Les valeurs entre parenthèses correspondent à l'écart-type)

Comme prévu, des écarts entre le titre attendu par les réglages de la machine et le titre réel mesuré existent. En industrie, face à une telle situation, un ajustement au niveau des réglages est indispensable, cependant, nous tiendrons compte de ces écarts mais sans modifier nos productions faute de matière première et de la complexité du processus d'extraction.

2.2. Pilosité

La pilosité du fil désigne la quantité de fibres (ou poils) appartenant à la superficie du fil et émergeant de l'ensemble fibreux. Certaines fibres ont tendance à sortir du corps du fil sous l'effet de la torsion. Les conséquences qu'implique la pilosité sur les caractéristiques de l'étoffe après l'opération du tissage ou du tricotage, en particulier le toucher ou sur la présence de défauts, ont introduit la nécessité de quantifier la pilosité. Ce paramètre est d'autant plus important avec le progrès et les avancées technologiques qui ont permis d'atteindre des vitesses très importantes sur les machines de tricotage et sur les métiers à tisser. Il existe 2 méthodes pour la mesurer :

- L'indice de pilosité Uster : il donne la longueur totale des fibres surfaciques sur une longueur de 1 cm de fil (en unité de longueur)
- L'indice de pilosité Zweigle (S3 par exemple) : il exprime le nombre des fibres dont la longueur dépasse les 3 mm sur une longueur de fil égale à 100 m. Par analogie, il existe S1, S2, ...S10. (sans unité).

Pour la mesure de la pilosité, 25 m de chaque bobine (3 bobines) ont défilé devant le capteur du Multi-tester Zweigle G567 à une vitesse égale à 25 m/min et sous une légère tension de 6 cN. Les résultats sont présentés dans le tableau 20.

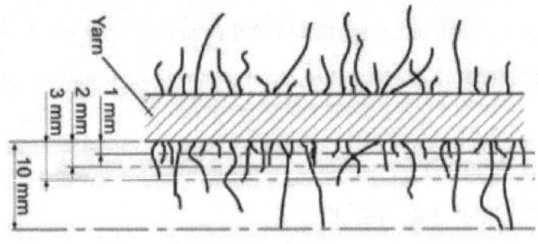

Figure 74. Illustration de l'indice de pilosité Zweigle

Figure 75. Photos représentatives de l'augmentation de la pilosité

Fil	100C30T	10C90A30T	20C80A30T	30C70A30T
S3	844.7	1498.7	1739.7	1945.3
CV%	7.71	8.68	8.96	9.14

Fil	100C40T	10C90A40T	20C80A40T	30C70A40T
S3	1066.7	1953.3	2113.3	2276.7
CV%	5.32	7.24	7.58	7.88

Tableau 20. . Résultats donnant la pilosité de différents fils.

Il est très clair, d'après les valeurs de la pilosité obtenus, (en plus de l'aspect visuel des fils produits), que plus la proportion d'Alfa dans le mélange est importante, plus le fil est pileux et duveteux. Ceci peut être expliqué par le manque de cohésion entre les fibres d'Alfa et par la nature de leur état de surface très lisse.

Nous avons également remarqué que les valeurs de la pilosité pour le titre 30 Tex sont inférieures que celles pour le titre 40 Tex, ceci est logique puisque la probabilité d'avoir des fibres superficielles responsables de la pilosité est plus élevée dans les fils les plus gros parce qu'ils présentent plus de fibres en section. En diminuant le titre et en gardant toujours le même coefficient de torsion α_{Nm} à 120, la valeur de la torsion baisse, en effet, la torsion est inversement proportionnelle au titre (voir tableau 17), ainsi, la torsion est passée de 693 tr/m pour les fils de 30 Tex à 600 tr/m pour les fils de 40 Tex. Donc notre remarque concernant l'augmentation de la pilosité quand le titre augmente est confirmée en raisonnant d'un point de vue torsion ; il est connu que plus la torsion est faible, plus la pilosité sera importante, puisque les fibres marginales sont moins retenues vers le corps du fil. Les figures 76 et 77 ci-dessous donnent la distribution détaillée relative à la pilosité mesurée pour les fils de 30 et 40 Tex.

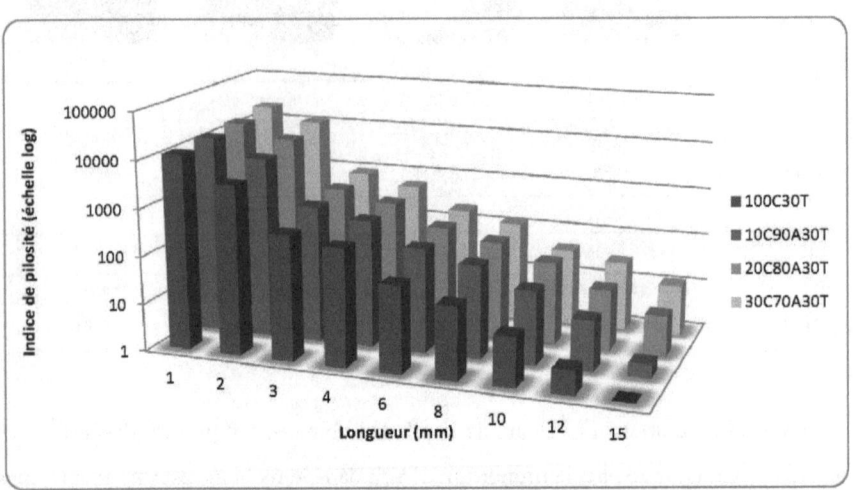

Figure 76. Diagramme de distribution de la pilosité pour les fils 30 Tex

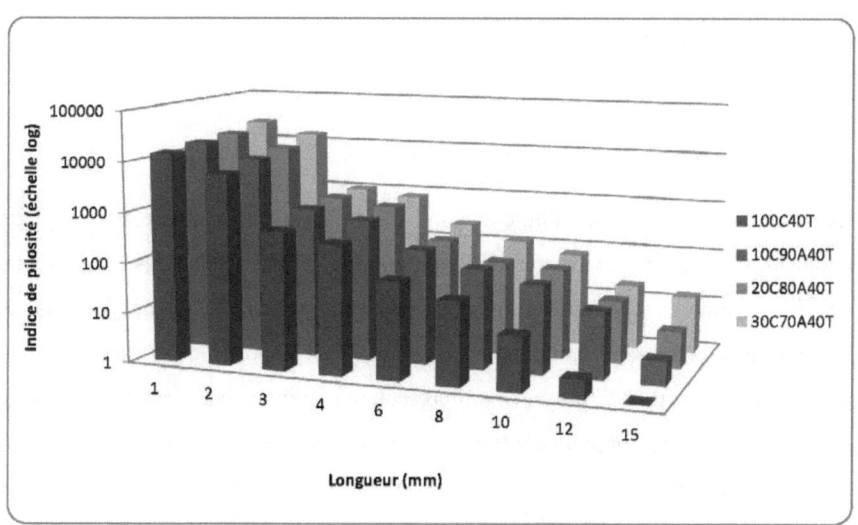

Figure 77. Diagramme de distribution de la pilosité pour les fils 40 Tex

Les fils d'Alfa ont tendance à avoir des indices de pilosité assez élevés. D'après ces diagrammes, nous constatons que la présence massive d'une faible pilosité (longueur des poils jusqu'à 3 mm) peut avoir un effet positif, en effet, elle contribue à un toucher doux et chaleureux, des propriétés recherchées dans les tricots qui ont comme applications : les sous vêtements, les tee-shirts et les vêtements de loisir. Cependant, une pilosité forte (poils supérieurs à 3 mm) peut avoir un impact négatif, elle donne au tissu une apparence incertaine à travers une structure imprécise et pas claire. Ces fibres périphériques ont également tendance à s'accrocher et à former des dépôts sur les machines ou les organes de celle-ci. Sur le produit final, elles peuvent être l'origine de bouloches ou produisent un aspect usé ou tout autre type de défauts.

Entre avantages et inconvénients, il faut maitriser ce paramètre important, heureusement, des solutions existent en cas de pilosité excessive comme par exemple le flambage : le tissu ou le fil passe sous une rampe de brûleurs à gaz et immédiatement plongé dans un bain d'extinction pour éteindre les étincelles et le refroidir.

2.3. La régularité

La régularité des fils est définie comme la variation de la masse par unité de longueur. C'est un paramètre très important dans la caractérisation des fils, il donne une idée formelle sur l'uniformité massique et expose le détail des défauts de structure acquis lors de la production. En effet, il est impossible de produire un fil parfaitement uniforme. C'est un fil qui présente un arrangement idéal de fibres dont le nombre doit rester toujours constant dans chaque section transversale. Les défauts de régularité, en outre de leur répartition aléatoire, peuvent affecter plusieurs propriétés du matériau. En plus de leur influence sur les propriétés mécaniques où ils représentent des points de faiblesse et souvent de rupture lors des sollicitations assez importantes, ils peuvent altérer l'apparence finale de l'étoffe. En particulier, lorsqu'ils apparaissent à des intervalles périodiques, il peut y avoir par exemple un effet moiré. L'irrégularité peut provenir de défauts introduits par l'opérateur, la matière première ou à un stade quelconque de la fabrication, bien qu'elle soit inévitable, nous cherchons toujours à la contrôler et la minimiser.

Pour effectuer cette caractérisation sur nos fils, nous avons utilisé le Multi-tester Zweigle module ZT5. Les conditions du test sont les suivants:

- Vitesse : 25 m/min
- Période : 1 min
- Echelle : 100%
- Grosseurs : +50% (le seuil fixé est à 50% d'augmentation par rapport à la masse moyenne calculée)

- Finesses : -50% (le seuil fixé est à 50% de réduction par rapport à la masse moyenne calculée)
- Neps : +200% (le seuil fixé est à 200% d'augmentation par rapport à la masse moyenne calculée)

Les résultats du test sont soit, sous forme numérique [163] :

- La valeur du **CV%** : Coefficient de variation : correspond à l'écart type de la distribution exprimé en pourcentage de la moyenne de la distribution. Statistiquement :

$$CV\% = \frac{100}{\bar{x}} * \sqrt{\frac{1}{N-1}\sum_{i=1}^{N}(x_i - \bar{x})^2}$$ (Equation 13)

Avec x_i : La valeur instantanée de la masse

$\bar{x}$: La valeur moyenne de la masse par unité de longueur

N : Nombre total de mesures

- La valeur de **U%** : Coefficient d'irrégularité moyenne linéaire (ou valeur Uster) : correspond au pourcentage de l'aire dépassant la moyenne massique du fil. Statistiquement :

$$U\% = \frac{100}{\bar{x}} * \frac{1}{N}\sum_{i=1}^{N}|x_i - \bar{x}|$$ (Equation 14)

- Le nombre de **grosseurs** (Thick): est le nombre de fois où le fil présente une augmentation massique qui dépasse un seuil présélectionné (ici +50%). Il est calculé pour une moyenne de 100 m.

- Le nombre de **finesses** (Thin): est le nombre de fois où le fil présente une diminution massique qui dépasse un seuil présélectionné (ici -50%). Il est calculé pour une moyenne de 100 m.

- Le nombre de *neps* : est le nombre de fois où le fil présente une augmentation massique qui dépasse un seuil présélectionné. En général ce seuil est de +200%. C'est le nombre de boutons. Il est calculé pour une moyenne de 100 m.

Soit sous forme de graphiques :

- Le Spectrogramme : est la distribution périodique de la masse dans le fil. Il permet notamment la détection des défauts périodiques.
- La courbe CVL : est la représentation du coefficient variance – longueur.
- Le tracé du test : il décrit l'avancement du test en temps réel sur des longueurs de 100m.
- La carte de la densité d'imperfection : est une représentation de distribution de toutes les imperfections rencontrées selon la longueur et la dispersion.

Tableau 21. Les résultats de l'irrégularité des fils

Fil	U%	CV%	Grosseurs	Finesses	Neps
10C90A30T	23.4	27.6	198	81	120
20C80A30T	22.9	27.2	175	56	108
30C70A30T	22.1	26.4	142	42	61
100C30T	12.3	15.3	32	7	18
10C90A40T	21.4	26.2	175	72	106
20C80A40T	20.6	25.1	143	41	82
30C70A40T	18.7	22.6	112	26	33
100C40T	11.4	14.1	14	3	8

D'après ces résultats, plusieurs conclusions ont pu être dégagées :

1. Lorsque le titre des fils augmente, l'irrégularité à travers les valeurs du coefficient de variation CV% et du coefficient d'irrégularité linéaire U% diminue. En s'appuyant sur la formule de Martindale [164-167], il est clair que la régularité dépend fortement du nombre de fibres dans la section :

$$CV_{lim} = k.\frac{100}{\sqrt{n}}(\%) \qquad \text{(Equation 15)}$$

avec n le nombre de fibres dans une section donnée et k un coefficient propre au matériau appelé coefficient de Huberty (1.06 pour le coton par exemple). Un fil plutôt fin est moins régulier qu'un fil plutôt gros (ce dernier possède un nombre plus important de fibres par section).

2. A titre constant, l'augmentation de la proportion alfatière présente dans le fil conduit à une augmentation de l'irrégularité. En effet, 2 raisonnements peuvent expliquer ce fait ;

- ayant un diamètre plus gros, la présence des fibres d'Alfa dans le fil baissera le nombre de fibres par section. En se basant sur la même formule de Martindale évoquée précédemment, il est normal que le CV% augmente.

- les fibres longues sont plus faciles à manipuler et à diriger dans le continu à filer, contrairement aux fibres courtes qui présentent quelques difficultés aux filateurs notamment lorsqu'elles s'accumulent par endroit et constituent la cause principale de l'irrégularité des fils. Les fibres d'Alfa ont une longueur moyenne supérieure à celle du coton, ce qui devrait améliorer la régularité, cependant, les machines utilisées jusqu'à présent dans la filature de ces fils sont des machines adaptées à la filature de type coton, notamment, le banc d'étirage qui est équipé par des cylindres assurant la fonction d'étirage avec un écartement (dans notre cas il est de 40 mm) supérieur à la longueur moyenne des fibres d'Alfa. Nos fibres alors sont découpées (ou craquées) augmentant ainsi le pourcentage de fibres courtes dans le mélange d'où l'augmentation du CV% également.

3. De la même manière, les imperfections sont plus présentes dans les fils les plus fins. Comme ces imperfections sont mesurées et calculées par comparaison à des valeurs moyennes, les fluctuations massiques sont moins significatives et donc moins comptabilisées [168].

4. Le coefficient d'irrégularité moyenne linéaire (U%) et le coefficient de variation (CV%) sont reliés ensemble par un coefficient ε exprimé par le rapport (CV/U), ce coefficient est:

- égale à $\sqrt{\frac{\pi}{2}}$ = 1.25 dans le cas où la répartition des fibres suit une loi normale gaussienne.
- lorsqu'il est inférieur à 1.25, il indique que la répartition des fibres est une distribution à la fois symétrique mais qui présente des variations périodiques assez fortes.
- lorsqu'il est supérieur à 1.25 : il s'agit alors d'une distribution asymétrique avec des défauts périodiques mais aussi des variations aléatoires.

Nous avons donc calculé le ratio CV/U pour en savoir plus sur la qualité de distribution de nos fils, les résultats sont reportés dans le tableau 22.

Tableau 22. Analyse du coefficient CV/U

Fil	U%	CV%	CV/U
10C90A30T	23.4	27.6	1,18

20C80A30T	22.9	27.2	1,19
30C70A30T	22.1	26.4	1,20
100C30T	12.3	15.3	1,25
10C90A40T	21.4	26.2	1,23
20C80A40T	20.6	25.1	1,22
30C70A40T	18.7	22.6	1,21
100C40T	11.4	14.1	1,24

Pour les deux fils 100% coton, le rapport $\frac{CV}{U} \approx 1.25$, nous sommes donc dans le cas d'une distribution normale. Cependant, pour tous les autres fils avec une proportion donnée d'Alfa, ce rapport est inférieur à cette valeur limite, ce qui montre que les fils concernés ont une distribution symétrique avec la présence de défauts périodiques. La longueur du fil testée étant relativement faible (25m), elle correspond à une longueur d'onde de l'ordre d'un mètre. Avec cette longueur d'onde assez faible, il s'agit probablement des défauts qui proviennent du train d'étirage ou de la longueur moyenne des fibres.

5. Afin d'évaluer d'une façon plus précise la régularité de nos fils, il est impératif de calculer le $CV_{idéal}$ et l'indice de l'irrégularité. Le $CV_{idéal}$ d'un fil est la valeur de son irrégularité limite et en ayant été travaillé sur des machines idéales, c'est-à-dire, le minimum d'irrégularité que doit avoir le fil et que nous ne pouvons atteindre. Il est défini par [167]:

$$CV_{idéal.mélange} = \frac{\sqrt{(CV_{idéal.a}*T_a)^2 + (CV_{idéal.b}*T_b)^2 + \dots + (CV_{idéal.i}*T_i)^2}}{T_{fil}}$$ (Equation 16)

Avec :

a,b …i : les indices des fibres présentes dans le mélange

T_{fil} : est le titre du fil étudié

$CV_{idéal.a}$: est le coefficient de variation idéal des fibres de type a

T_a : est le titre de la fibre de type a calculé à partir de la formule suivante :

$T_a = \frac{T_{fil}*\alpha}{100}$ avec α la proportion de la fibre a dans le mélange étudié

Il faut donc déterminer les $CV_{idéal}$ des fibres qui constituent nos fils. Nous avons utilisé la formule simplifiée suivante qui découle d'une formule très généraliste appelée CV Picard [164-167] :

$$CV_{idéal} = \frac{100}{\sqrt{n}} * \sqrt{1 + 0.0001\ CV_A^2} \qquad \text{(Equation 17)}$$

Avec : CV_A : est le coefficient de variation de la section des fibres d'Alfa.

$$n = \text{nombre de fibres par section} = \frac{\text{Titre du fil}}{\text{Titre de la fibre}}$$

(En négligeant la variation de diamètre).

Calculé pour l'Alfa ainsi que le coton, nous trouvons :

$$CV_{idéal.Alfa} = \frac{113}{\sqrt{n}} \text{ et } CV_{idéal.Coton} = \frac{106}{\sqrt{n}}$$

Nous obtenons :

$$CV_{idéal.mélange} = \frac{\sqrt{(CV_{idéal.Alfa}*T_{Alfa})^2 + (CV_{idéal.coton}*T_{Coton})^2}}{T_{fil}} \qquad \text{(Equation 18)}$$

Les tableaux 23 et 24 contiennent les résultats de ce calcul permettant d'avoir les $CV_{idéal}$ et par la suite l'indice d'irrégularité pour les différents fils.

Tableau 23. Calcul du CV idéal pour les différents fils

Fil	Titre (Tex)	T_{Alfa} (Tex)	T_{Coton} (Tex)	n_{Alfa}	n_{Coton}	$CV_{idéal.Alfa}$ (%)	$CV_{idéal.Coton}$ (%)	$CV_{idéal.mélange}$ (%)
10C90A30T	32.4	29.2	3.2	43	12	17.2	30.6	15.8
20C80A30T	31.9	25.5	6.4	38	24	18.3	21.6	15.2
30C70A30T	33.2	23.2	10	34	37	19.4	17.4	14.5
100C30T	31.1	0	31.1	0	115	-	9.8	9.8
10C90A40T	42.4	38.2	4.2	56	16	15.1	26.5	13.8
20C80A40T	42.8	34.2	8.6	50	32	16.0	18.7	13.3
30C70A40T	43.6	30.5	13.1	45	49	16.8	15.1	12.6
100C40T	39.4	0	39.4	0	146	-	8.7	8.7

Tableau 24. Calcul de l'indice d'irrégularité pour les différents fils

Fil	$CV_{idéal.mélange}$ (%)	$CV_{réel.mélange}$ (%)	I_{reg}
10C90A30T	15.79	27.64	1.75
20C80A30T	15.25	27.22	1.78
30C70A30T	14.53	26.47	1.82
100C30T	9.88	15.38	1.55
10C90A40T	13.85	26.23	1.89
20C80A40T	13.32	25.11	1.88
30C70A40T	12.59	22.65	1.80
100C40T	8.77	14.16	1.61

Des divergences existent entre les valeurs des CV $_{idéal}$ (ou limite) et celles des CV $_{réel}$, ce qui n'est pas surprenant vu qu'il est impossible de réaliser un fil régulier à partir de fibres ayant des caractéristiques toutes différentes (longueurs, finesses, maturités, etc.). Le calcul de l'indice d'irrégularité qui n'est que le ratio entre le CV réel et idéal, nous donne une idée plus claire sur l'amplitude de cette divergence et la qualité de nos fils. Un indice d'irrégularité (I_{reg}) égal à 1 correspond à un fil dont la régularité est parfaitement idéale et inaccessible, plus la valeur de cet indice est élevée, plus l'irrégularité est accentuée et la qualité du fil devient médiocre. Pour nos fils, cet indice est compris entre 1.55 et 1.89, valeur assez élevée par rapport à un fil de bonne régularité où cet indice devrait se situer entre 1.2 et 1.4 [169].

2.4. Les propriétés mécaniques

Etudier les réponses des fils à des sollicitations mécaniques et en déduire les propriétés mécaniques représente sans doute un facteur primordial dans la caractérisation de fils. D'une part, les autres processus de transformation (notamment le tissage et le tricotage), et d'autre part, les produits finis fabriqués à base de ces fils en dépendent énormément. En effet, les propriétés mécaniques des structures textiles et les limites de leurs performances seront définies sur la base de celles des fils qui les constituent.

Dans la plupart des applications, les fils sont plutôt sollicités en traction (les fils de chaîne sur un métier à tisser par exemple). Donc, c'est le type de sollicitation que nous avons choisi d'étudier en priorité dans ce paragraphe et les paramètres auxquels nous nous sommes intéressés sont la résistance à la rupture, la déformation, la ténacité et le module de Young. Néanmoins, la connaissance du comportement des fils suite à d'autres types de sollicitations telles que la flexion ou la fatigue est, dans certains cas, nécessaire.

Les essais de traction sur les différents fils ont été élaborés sur un banc de traction MTS selon la norme américaine ASTM D2256 relative à la traction des fils [170]. Les bobines de fils à contrôler ont été préalablement conditionnées conformément à la norme dans une atmosphère normale de $20 \pm 2°C$ pour la température et $65 \pm 2\%$ pour l'humidité relative. La vitesse de traction a été fixée à 25 mm/min et la distance entre pinces à 250 mm. Un capteur de force de 5 daN a été utilisé pour mesurer les sollicitations subies par les 25 échantillons de chaque lot. Dans notre cas, comme les fils ont une irrégularité relativement élevée, il serait difficile de déterminer avec précision l'aire en section droite des fils, il est plus intéressant d'exprimer la charge maximale de rupture en termes de ténacité qui fait appel au titre moyen déjà mesuré. Elle est définie par :

$$\tau(cN/tex) = \frac{Fr\ (cN)}{Titre\ (Tex)}$$

Le récapitulatif des résultats est reporté dans le tableau 25 et sur la figure 78.

Tableau 25. Résultats expérimentaux des essais de traction

Fil	Titre réel (Tex)	Force max (N)	Déformation (%)	Ténacité (cN/Tex)	Module de Young (GPa)
10C90A30T	32.4 (± 3.4)	2.1 (± 0.4)	4.3 (± 0.5)	6.5 (± 1.9)	8.6 (± 1.4)
20C80A30T	31.9 (± 2.8)	2.4 (± 0.6)	4.9 (± 0.4)	7.5 (± 2.5)	8.7 (± 1.7)
30C70A30T	33.2 (± 2.9)	2.9 (± 0.6)	5.1 (± 0.7)	8.7 (± 2.6)	9.1 (± 1.9)
100C30T	31.1 (± 1.9)	5.3 (± 0.8)	7.2 (± 0.9)	17.0 (± 3.6)	13.7 (± 2.1)
10C90A40T	42.4 (± 4.1)	3.2 (± 0.7)	5.4 (± 0.8)	7.6 (± 2.4)	11.2 (± 2.6)
20C80A40T	42.8 (± 3.5)	3.9 (± 0.7)	6.1 (± 0.8)	9.1 (± 2.4)	11.6 (± 1.9)
30C70A40T	43.6 (± 3.4)	4.4 (± 0.9)	6.3 (± 0.6)	10.1 (± 2.8)	12.0 (± 2.4)
100C40T	39.4 (± 1.2)	7.6 (± 1.1)	7.3 (± 0.8)	19.3 (± 3.4)	14.5 (± 2.7)

(Les valeurs entre parenthèses correspondent à l'écart-type)

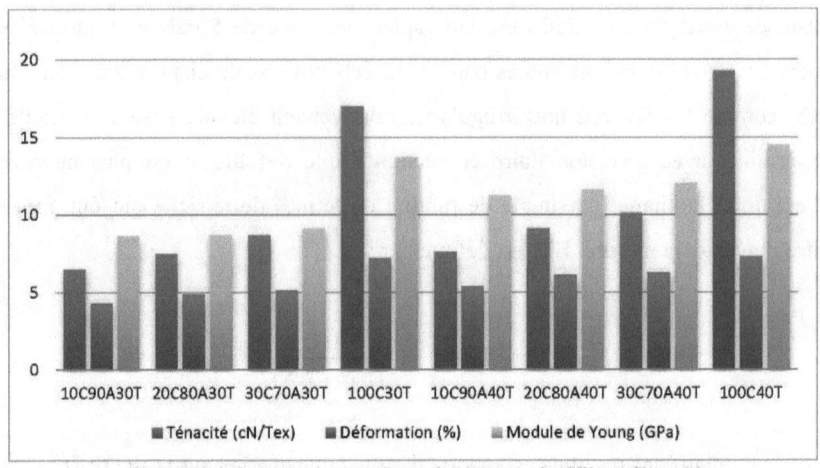

Figure 78. Représentation des paramètres mécaniques pour les différents fils produits

L'examen d'un diagramme typique charge-allongement obtenu sur un fil contrôlé en traction simple montre une grande similitude avec le modèle de comportement mécanique classique et ne révèle aucune surprise particulière quel que soit le mélange testé (Figure 79). Ce modèle est caractérisé par trois zones distinctes décrivant des comportements particuliers :

1- Une première zone linéaire régie par la loi de Hooke où la charge est proportionnelle à la déformation. Dans cette zone de faible extension, la récupération élastique est totale.

2- Une deuxième zone d'extension caractérisée par une large déformation pour une faible charge. Dans cette zone la récupération n'est pas totale.

3- Une troisième zone définie par une chute importante de la charge pour un temps très court, caractéristique de la rupture du matériau.

De point de vue structure du fil, dans la première zone les fibres tentent de s'organiser et de se réorienter selon l'axe de la déformation. Ensuite au cours de la deuxième phase, la résistance des fibres est mise à l'épreuve jusqu'à une certaine limite où les fibrilles commencent à casser progressivement. Enfin, le matériau étant trop sollicité au-delà de ses limites, le reste des fibres finit par rompre à leur tour.

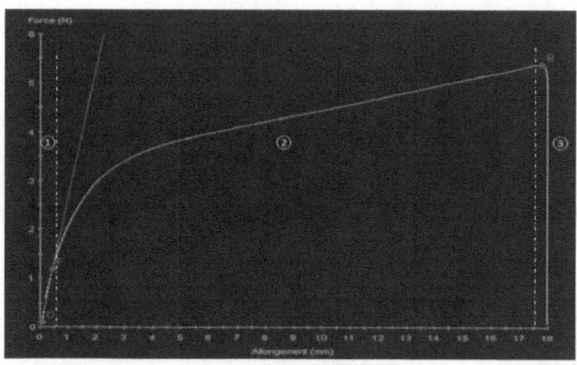

Figure 79. Diagramme charge allongement typique d'un fil Alfa/Coton (Capture d'écran du logiciel de traitement)

Les résultats mettent en évidence plusieurs phénomènes :

- avec l'augmentation du titre, les fils montrent une résistance plus élevée, ceci quel que soit le lot et le mélange qui le constitue. Etant plus gros, le fil comporte plus de fibres par section qui participent aux sollicitations, d'où un meilleur comportement mécanique général.

- étant moins rigides, l'insertion des fibres d'Alfa en proportion de plus en plus importante conduit à une baisse de différentes propriétés mécaniques. Ainsi, la diminution en terme de ténacité d'un fil (30Tex) 90% Alfa et uniquement 10% coton par rapport à un autre fabriqué de 100% coton est de 60% et en terme d'allongement, cette diminution est de 26%.

- une extrapolation de ces graphiques pourrait nous éclairer sur les propriétés d'un éventuel fil 100% Alfa (100A). Nous avons trouvé à partir des résultats concernant les fils à 30 Tex qu'un fil 100A30T aurait une ténacité d'environ

5.5 cN/Tex et un allongement de 4% (Figure 80). Un fil 100A40T aurait quant à lui une ténacité d'environ 6.5 cN/Tex et un allongement de 5.5% (Figure 81).

- ces performances sont certes très inférieures comparées à celles d'un fil 100% coton, mais elles sont tout à fait acceptables, et peuvent être améliorées après un encollage par exemple ou si le processus de la filature était mieux optimisé et le fil plus régulier.

- les résultats expérimentaux permettent de proposer une loi de mélange décrite ci-dessous :

$$\tau_{mel.th} = \frac{x}{100}\tau_{Coton} + (1 - \frac{x}{100}\tau_{Alfa}) \qquad \text{(Equation 19)}$$

Avec :

$\tau_{mel.th}$: La ténacité du fil mélange théorique ou estimée

τ_{Coton} : La ténacité du fil de coton (100% coton)

τ_{Alfa} : La ténacité du fil d'Alfa (100% Alfa) déterminée par extrapolation.

x : La proportion du coton dans le mélange

Les résultats de cette étude sont donnés dans le tableau 26.

Tableau 26. Résultats de ténacités estimées et mesurées

Fil	τ_{Coton} (cN/Tex)	τ_{Alfa} (cN/Tex)	Ténacité mesurée (cN/Tex)	Ténacité calculée (cN/Tex)	Ecart (%)
10C90A30T			6.5	6.6	1.5
20C80A30T	17.0	5.5	7.5	7.8	3.8
30C70A30T			8.7	8.9	2.2
10C90A40T			7.6	7.8	2.5
20C80A40T	19.3	6.5	9.1	9.1	0
30C70A40T			10.1	10.3	0.02

Les écarts entre les valeurs estimées par la loi de mélange et celles trouvées expérimentalement sont très minimes, en général, inférieurs à 3%. Donc, une bonne concordance entre la prédiction et la réalité existe en ce qui concerne la résistance mécanique des fils fabriqués.

De plus, cette concordance nous confirme la bonne extrapolation qui a été faite pour estimer la ténacité du fil 100% Alfa. Une mauvaise estimation aurait donné des valeurs de ténacité pour le fil mélange plus dispersées et avec des écarts plus importants.

Les écarts constatés, bien que très faibles, montrent une certaine non uniformité de la répartition des fibres le long du fil ou une différence entre les valeurs de torsions appliquées d'un fil à un autre.

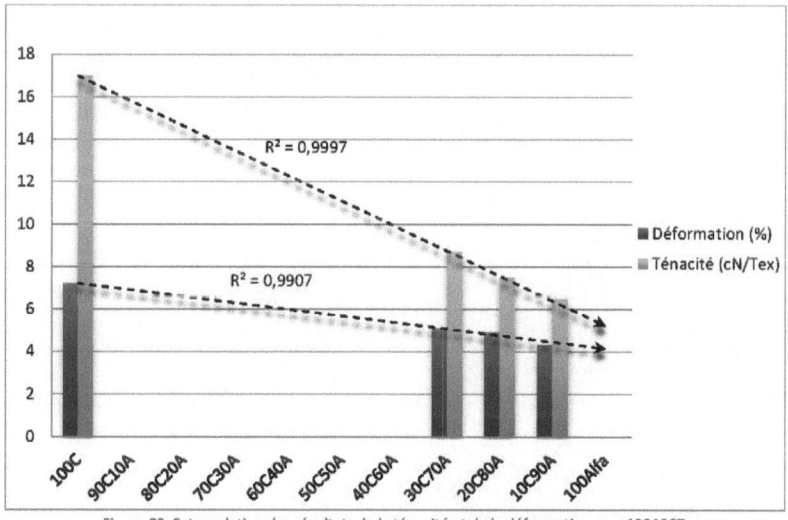

Figure 80. Extrapolation des résultats de la ténacité et de la déformation vers 100A30T

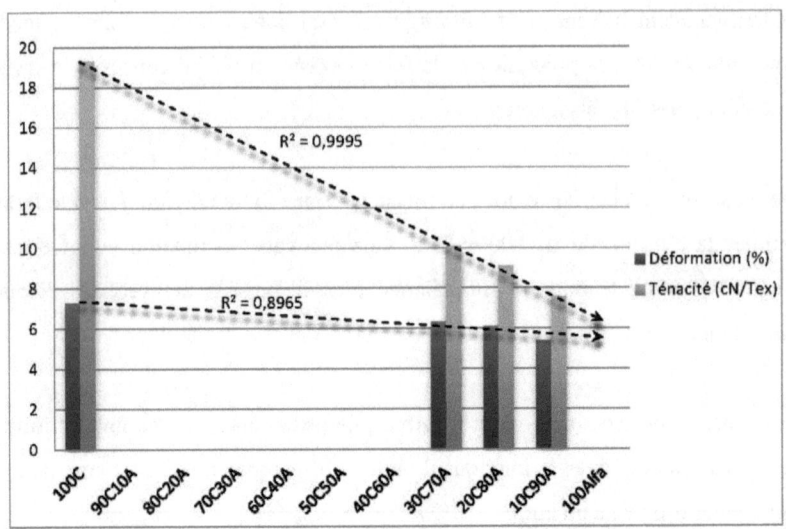

Figure 81. Extrapolation des résultats de la ténacité et de la déformation vers 100A40T

Chapitre V

Obtention des fibres cellulosiques par filage humide (Procédé Lyocell)

Pour la première fois, un fil à base d'Alfa a pu être fabriqué grâce à cette étude. Cependant, nous avons montré dans la dernière section, au même titre de cet aboutissement, que ces fils présentent quelques défauts d'aspect notamment une irrégularité assez importante et des performances mécaniques limitées. De l'autre coté, tout au long de ce processus, un certain volume de déchets cellulosiques a été récupéré en particulier lors du peignage et la préparation à la filature. Afin de remédier aux faiblesses déjà citées, fabriquer un filament 100% Alfa et exploiter les déchets récupérés, nous avons choisi de compléter ce travail par la fabrication des filaments cellulosiques suivant le procédé Lyocell avant de les caractériser.

1. Etat de l'art

Comme évoqué dans le chapitre I. , les fibres artificielles détiennent une part de marché non négligeable (près de 3.5 MT) et sont très utilisées en habillement comme en applications techniques. A la tête de cette catégorie se trouvent les fibres de Viscose. La viscose en particulier et les autres fibres synthétiques d'origine cellulosique en général, sont en croissance permanente pour l'abondance de ce matériau, ses propriétés spécifiques et la qualité et l'intérêt des vêtements notamment leurs qualités hygroscopique et hygiénique. De plus, de l'intérêt économique bien entendu. Cette industrie a suscité l'intérêt des industriels mais aussi des scientifiques qui se sont lancés dans la recherche permanente des fibres de meilleures performances et avec un coût moindre, chose qui a fait apparaitre des procédés d'obtention multiples et variés.

La dissolution de la cellulose a toujours été un problème complexe et la pénétration d'un solvant ne peut se faire que par la rupture des liaisons hydrogène intermoléculaires. Beaucoup de procédés ont existé mais très peu d'entre eux ont assuré une certaine pérennité dans le temps. Entre le procédé carbamate qui n'a jamais atteint l'échelle industrielle, le procédé lithium/dimethylacétamide (Li/DMAC) qui a été écarté à cause de la complexité de ses problèmes et la toxicité du dimethylacétamide et le procédé soude qui ne donne pas des résultats satisfaisants, peu de procédés ont connu le succès industriel [171].

1.1. Le procédé Viscose

Procédé découvert par Croos, Bevan et Beadley en 1892 et industrialisé à partir de 1986. La cellulose (en général sous forme de pâte de bois) est trempée dans une solution de soude caustique, puis par pressage, on élimine l'excès du liquide. Il se forme ainsi de l'alcali-cellulose qu'on débarrasse des impuretés qu'elle contient et qu'on laisse murir pendant quelques jours. La cellulose est ensuite placée dans une cuve où elle sera soumise à l'action du sulfure de carbone (CS_2) qui la transforme en xanthate de cellulose. Puis, on procède à la dissolution proprement dite par l'action de l'hydroxyde de sodium ce qui permet d'obtenir un liquide visqueux de couleur orange appelé viscose. On mélange différents lots de viscose pour assurer une qualité uniforme, puis la viscose est filtrée et stockée pendant plusieurs jours dans des conditions très strictes de température et d'humidité qui en favorisent le mûrissement. On procède ensuite à son extrusion dans une solution d'acide sulfurique à 10% environ.

Les risques majeurs de ce procédé sont l'exposition au sulfure de carbone et au sulfure d'hydrogène. Ces deux gaz ont des effets toxiques qui varient suivant l'intensité et la durée de l'exposition et l'organe concerné est notamment le système nerveux. De plus, à cause de sa volatilité, sa sensibilité à l'électricité statique, un point d'inflammation de -30°C et des limites d'explosion situées entre 1 et 50% du volume, le sulfure de carbone présente un risque élevé d'incendie et d'explosion.

1.2. Le procédé Cupro-ammoniacal

Un autre procédé de préparation de cellulose régénérée consiste. Après mercerisage, la pâte de cellulose est traitée par une solution cupro-ammoniacale (mélange d'hydroxyde de cuivre et d'ammoniaque). Un bain d'acide sulfurique est alors utilisé pour régénérer les filaments, éliminer l'oxyde de cuivre ammoniacal et neutraliser la base. Les fibres sont aussi connues sous le nom : Cupro ou Bemberg et les tissus à partir de cette fibre ont un toucher soyeux et sont en particulier utilisés comme doublure. Le sulfate de cuivre est un produit toxique, nocif et irritant pour les yeux et la peau. Il est également dangereux pour l'environnement ; très toxique pour les organismes aquatiques, non biodégradable et peut s'accumuler dans les sols.

1.3. Le procédé NMMO

Pour pallier aux problèmes d'ordre sanitaire et environnemental induits par ces procédés, un nouveau procédé a vu le jour. Le solvant utilisé est le N-oxyde de N-méthylmorpholine (NMMO) (n° CAS : 7529-22-8). La dénomination des fibres issues de ce procédé varie selon la compagnie qui les commercialise. Ainsi, les fibres produites par *LENZING* seront appelées «Lyocell», par *COURTAULDS*, «Tencel», par *TITK RUDOLSTADT*, «Acelru» et «Newcell» par *AKZO NOBEL*. Toutes ces fibres sont produites par le même procédé, communément appelé le procédé Lyocell.

La production de fibres s'effectue en circuit quasi-fermé (Figure 82). Les fibres sont fabriquées à partir d'une pulpe de bois dissoute dans le NMMO à haute température (entre 80 et 120°C). La solution visqueuse obtenue est filtrée et extrudée par des filières dans un bain de filage aqueux. La cellulose précipite sous forme de fibres. Ces dernières sont lavées, séchées et enroulées. Le solvant est récupéré dans le bac de rinçage. Un antioxydant est généralement ajouté afin d'empêcher la dégradation du solvant et la réduction du DP de la cellulose (le NMMO est un oxydant fort, car la rupture de la liaison N→O libère de l'oxygène dans le système et occasionner une oxydation du milieu). Les proportions du mélange utilisées sont de l'ordre : 8-20% de cellulose, de 75-80% de la NMMO et de 5-12% d'eau. L'eau est recyclée par distillation (évaporation) des bains de filage et de rinçage. Le solvant est récupéré à plus de 97%. La récupération quasi-complète du solvant représente donc un avantage majeur tant environnemental qu'économique.

Le NMMO semble réunir les exigences auxquelles doit répondre un bon solvant. Il doit pouvoir conduire à l'obtention d'une solution de concentration élevée en un minimum d'étapes, ne pas dégrader la cellulose, la cellulose doit pouvoir être entièrement régénérée, le solvant doit être non-toxique et son impact sur l'environnement doit être minimal, il doit pouvoir être récupéré et recyclé efficacement. En plus, c'est un solvant qui ne nécessite pas de traitement d'air ni d'eau, ce qui montre les aspects économiques et écologiques favorables de ce procédé. Mais certains inconvénients ont été tout de même relevés, en particulier, le coût onéreux du NMMO, sa mise en œuvre assez difficile et la nécessité de chauffer [171,172].

Les fibres issues du procédé Lyocell sont généralement des fibres biodégradables, stables thermiquement mais aussi au lavage et au séchage, plus résistantes que les autres fibres cellulosiques et qui ont une bonne absorption à l'humidité. Ce sont également des fibres faciles à filer, mélanger et colorer.

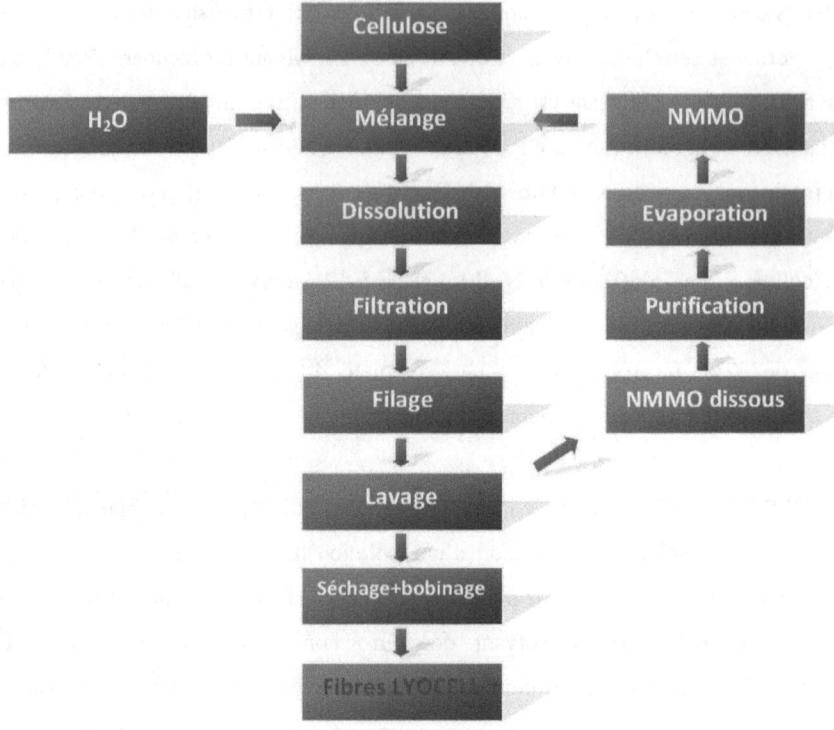

Figure 82. Cycle de fabrication des fibres Lyocell

2. Dissolution de la cellulose d'Alfa

Dans cette section, nous examinerons en première partie l'état des connaissances actuelles sur les mélanges NMMO / Eau, ensuite nous présenterons le protocole expérimental suivi pour préparer la solution de filage et nous tenterons enfin d'étudier ses propriétés rhéologiques.

Le pouvoir solvant de la NMMO est dû à la fonction N-O de la molécule qui a la possibilité de former des liaisons hydrogène avec les groupements hydroxyle de la cellulose. Une sorte de compétition existe entre les groupements hydroxyle de l'eau et ceux de la cellulose mais il semblerait que la NMMO montre une préférence pour l'association avec l'eau, ce qui explique la baisse du pouvoir solvant de la NMMO face à l'augmentation de la quantité d'eau. Par contre l'absence d'eau résulte en un état d'association chez les molécules de la NMMO qui abaisse son pouvoir solvant.

La dissolution de la cellulose consiste généralement à tremper la cellulose (10 à 15%) dans le mélange NMMO (50 à 60%) / eau (20 à 30%) à température ambiante et en chauffant jusqu'à 100°C environ afin de réduire la teneur en eau jusqu'à la concentration permettant la dissolution. Cette façon de procéder permet un bon mouillage et le gonflement des fibres et accroît ainsi leur accessibilité. De plus, dans ces conditions la dégradation du solvant est évitée [172].

La solubilité de la cellulose dans un mélange binaire NMMO / eau est présentée sur la figure 83. Sur ce diagramme de phases, seule une région assez étroite indique un domaine de solubilité complète.

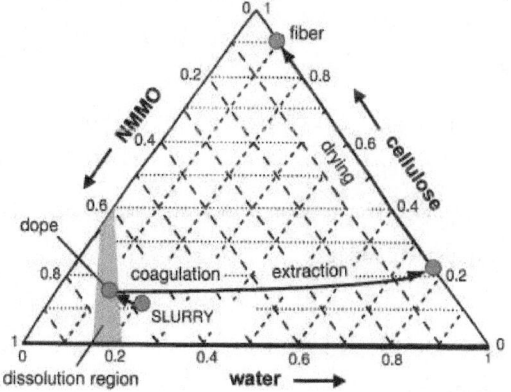

Figure 83. Diagramme de phases cellulose-NMMO-eau [172]

La durée de dissolution varie en fonction de température et de la concentration en eau. Le fait d'augmenter la température ou le temps de dissolution permet d'améliorer la qualité des solutions mais pose un autre problème, celui de la dégradation des solutions. Les proportions que nous avons retenues pour nos essais sont : 15% de cellulose, 25% d'eau et

60% de NMMO. La température a été fixée à 95°C et un barreau magnétique a assuré l'agitation du mélange afin d'avoir une solution la plus isotrope possible. Ainsi une solution visqueuse se forme après une durée variable (3 à 4 heures) de couleur beige clair qui vire au caramel après refroidissement (Figures 84).

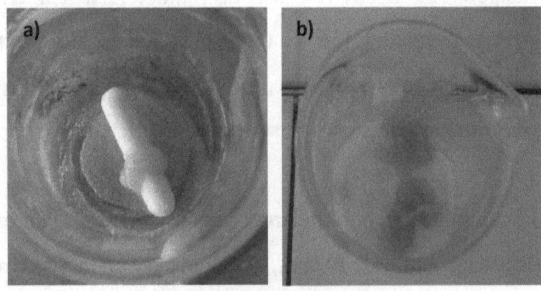

Figure 84. (a): la solution juste après la formation.
(b): la même solution après refroidissement

3. La machine à filage humide

Faute d'appareillage approprié à ce type de filage, nous avons conçu et fabriqué avec la participation d'autres chercheurs au LPMT une machine adaptée à notre manipulation et capable de produire des filaments par coagulation avec des propriétés spécifiques demandées.

Cette machine est constituée de 6 parties ou modules (Figure 86) :

1. Un module injection
2. Un module régénération

3. Un module étirage

4. Un module lavage

5. Un module bobinage et trancannage

6. Un module commande

3.1. Module d'injection

C'est la partie qui assurera l'injection du polymère ou de la solution dans le bain de coagulation. Il faut donc un réservoir pour stocker le polymère, une pompe pour l'injecter et un système de chauffe pour le maintenir à la température de filage. Nous utilisons donc des seringues comme réservoirs, une pousse seringue (NE 1010 New Era Syringue Pump) et un système de chauffe seringues de la même marque (HEATER-KIT-1LG). La pousse seringue peut fonctionner avec plusieurs tailles de seringues permettant d'avoir un débit de 1 nl/heure minimum et 7.6 l/heure maximum. Le système de chauffe peut atteindre les 185°C. L'ensemble peut être commandé directement à travers un clavier ou piloté à travers l'ordinateur ou l'automate.

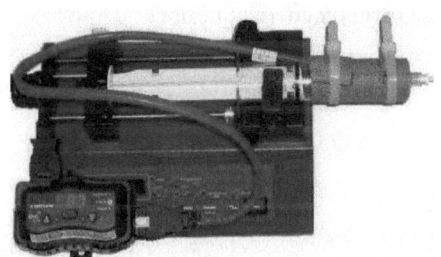

Figure 85. Pousse seringue NE-1010 avec le système de chauffe

3.2. Module de régénération

Le module régénération est un bac qui va contenir la solution de coagulation. Il permet de contenir jusqu'à 19.5 l et la distance de séjour maximale est de 1.4 m. Il est de forme triangulaire pour économiser la quantité de solvant utilisée. Le bac est en polypropylène homopolymère, qui résiste à l'ensemble des applications envisagées au sein du laboratoire.

Le bac est équipé de poulies qui ont 2 rôles : guider le filament et minimiser les forces de frottement surtout juste après la formation. En changeant leurs positions, nous contrôlons la distance et le temps de séjour dans le bain de coagulation.

3.3. Module d'étirage

Ce module est formé par 2 cabestans qui tournent à des vitesses différentes l'un de l'autre. Ils sont commandés par 2 moteurs accouplés munis de réducteurs de vitesse. La vitesse V_1 du premier cabestan suivra la même valeur que celle de la sortie de la filière. Quant à la 2ème vitesse V_2, elle sera calculée à partir de cette vitesse V_1 et la valeur de l'étirage E choisie.

Les limites de vitesse pour les 2 cabestans d'étirage sont :
- Vitesse max = 225 tours /min (en linéaire : 50 m/min)
- Vitesse min = 4.5 tours /min (en linéaire : 1 m/min)

Donc l'étirage sera compris entre : 1 < E < 50

3.4. Module de lavage

Pour ce module, un bac rectangulaire ($1000*400*100$ mm^3) est utilisé pour laver les filaments et récupérer le cas échéant le solvant (selon le filage réalisé). Des poulies assurant le guidage y ont été installées ainsi qu'une arrivée d'eau.

3.5. Module de bobinage et trancannage

Par ce module, le filament va être enroulé, trancanné et stocké sur un support (une bobine). Il s'agit d'enrouler de manière ordonnée (spire par spire) le filament. Le trancannage est géré par 2 moteurs, un pour assurer la rotation du support et l'autre pour assurer la translation de l'ensemble, ainsi le filament est enroulé et distribué sur toute la bobine. La vitesse de bobinage est définie identiquement à celle du 2ème cabestan d'étirage et le pas du déplacement est choisi par l'utilisateur.

3.6. Module de commande

Le coffret de la commande va contenir tous les éléments nécessaires pour assurer le bon déroulement des fonctions déjà citées et coordonner entre les différents modules et éléments de la machine.

Il est constitué de l'alimentation (continue et alternative), les éléments de sécurité (disjoncteurs par exemple), un écran tactile Magelis (interface de communication entre la machine et l'utilisateur), l'automate programmable, les pré-actionneurs (contacteurs, relais, variateurs de vitesse...), une télécommande déportée et les connections réseaux tout en assurant la sécurité de l'utilisateur et son environnement.

Grâce à ce module, il est possible de calculer les vitesses de différents moteurs, de synchroniser et automatiser les différentes phases de filage.

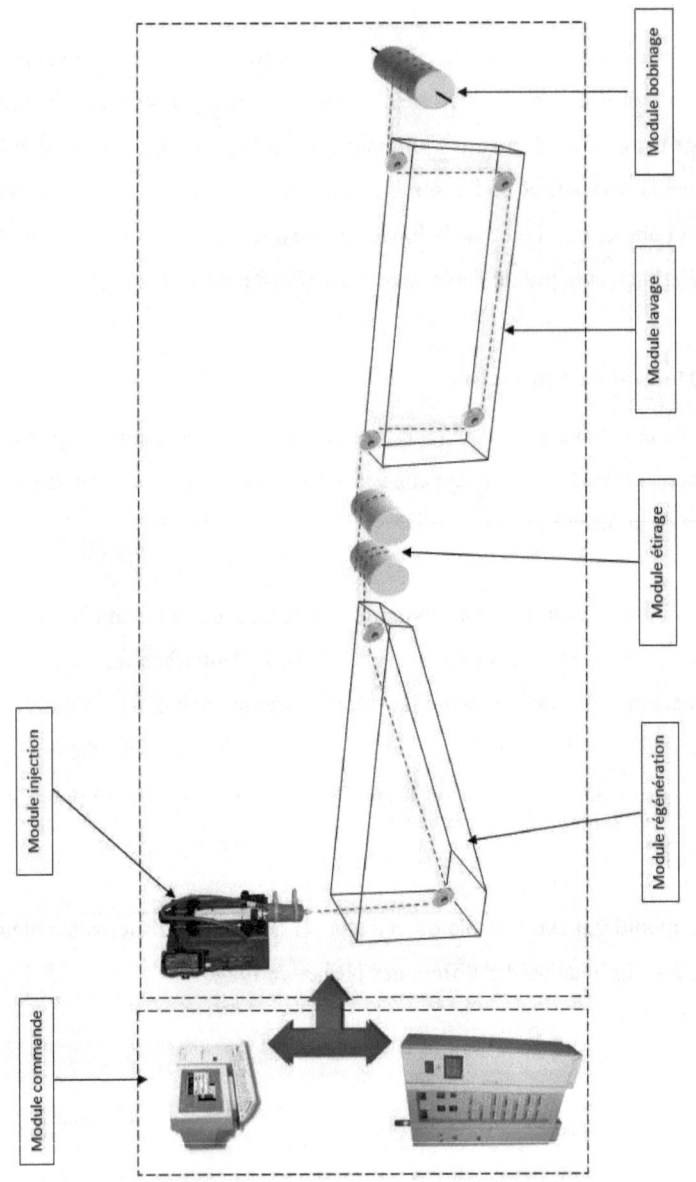

Figure 86. Schéma de principe de la machine à filage humide

Module injection

Module commande

Module bobinage

Module lavage

Module étirage

Module régénération

4. Essais de filage et caractérisation des filaments obtenus

4.1. Les essais de filage

La solution obtenue est placée dans une seringue, chauffée à 105°C. Elle est ensuite filée dans une solution diluée de NMMO. Pour ce test de faisabilité, nous avons choisi de fabriquer un filament de diamètre 250 μm.

La vitesse de filage a été calculée selon l'équation suivante :

$$V_{fil} = \frac{Q}{S} = \frac{4*Q}{\pi * \phi_{aig}^2} \ (m/min)$$ (Equation 20)

Avec : Q : est le débit volumique à la sortie de la pousse seringue (=3 mL/min)

ϕ_{aig} : est le diamtre intérieur de l'aiguille utilisée (= 0.7mm)

La valeur de l'étirage est définie comme étant :

$$E = \frac{V_2}{V_1} = \frac{V_{fil}}{V_{bob}}$$ (Equation 21)

Avec : V_1 : est la vitesse du premier cabestan

V_2 : est la vitesse du deuxième cabestan

V_{fil} : est la vitesse de filage (= 7.8 m/min)

V_{bob} : est la vitesse de bobinage (= 15.6 m/min)

Le filament ainsi produit est récupéré sur une bobine et laissé sécher à l'air libre pendant 48 heures avant d'être conditionné selon la norme et ensuite caractérisé. Le NMMO se trouvant dans le bain de coagulation et celui de lavage peut ensuite être récupéré par évaporation.

4.2. Caractérisation du filament obtenu

4.2.1. Evaluation du titre

5 échantillons de filament mesurant chacun 10 m ont été prélevés et pesés afin de déterminer leur titre. Le titre moyen mesuré est de 41.24 Tex. L'écart type étant de 1.07 Tex et le coefficient de variation est de 2.60%. Cette faible dispersion statistique est bien une caractéristique des fibres synthétiques et artificielles puisque les facteurs de la production sont contrôlés et non imposés. Par comparaison, en utilisant la même méthode gravimétrique, les coefficients de variation de fibres $\alpha 1$, $\alpha 2$ et $\alpha 3$ extraites à partir des tiges d'Alfa, ont été respectivement de 11.36%, 30.66% et 24.11%. Ce procédé permet de surmonter le problème de la dispersion des fibres végétales et résulte en une bonne uniformité.

4.2.2. Examen morphologique

L'examen morphologique par microscopie à balayage électronique montre les fibres régénérées de forme circulaire et avec un diamètre moyen de 220 µm. Ces filaments ont un aspect semblable aux autres fibres synthétiques sans aucune remarque particulière.

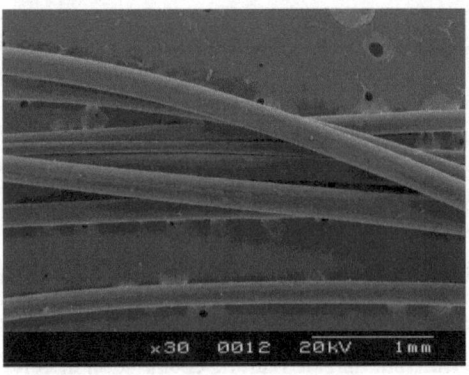

Figure 87. Fibres régénérées à partir de la cellulose d'Alfa selon le procédé Lyocell

4.2.3. Propriétés mécaniques

Après avoir été conditionnés sous atmosphère normale pendant 24heures au préalable, les mono-filaments à base de cellulose d'Alfa ont été sollicités au test de traction mécanique selon la norme NF EN 13895 [173]. Une population de 17 échantillons ayant comme longueur 250 mm, a pu être testée.

Le filament le plus rigide a une ténacité égale à 21.8 cN/tex et un allongement de 16%. En moyenne, nos filaments ont une ténacité de 17.6 cN/tex ($\pm$ 1.73 cN/tex) et 13% ($\pm$ 1.25%) d'allongement relatif. Quant au module de Young, sa valeur moyenne calculée est de 12.9 GPa. Les résultats retrouvés ainsi que les données statistiques sont exposés et représentés dans le tableau 27 et sur la figure 88 ci-dessous.

Tableau 27. Les résultats du test de traction sur les filaments régénérés à base d'Alfa

	Ténacité (cN/Tex)	Déformation (%)	Module de Young (GPa)
Moyenne	17.60	13.16	12.9
CV%	9.80	9.48	14.33
Ecart type	1.73	1.25	1.99

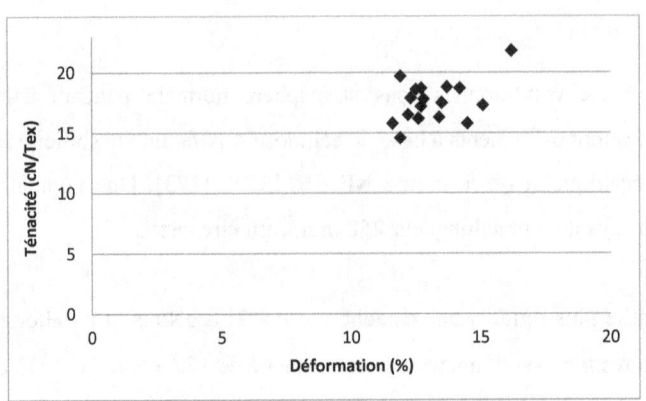

Figure 88. Distribution de résultats de traction sur les filaments régénérés à base d'Alfa

Une comparaison de ces chiffres avec ceux des fibres α1, α2 et α3 extraites à partir des tiges d'Alfa et aussi avec ceux des principales fibres textiles nous permettra de bien situer les fibres produites dans le cadre de ce travail dans le cadre général (Tableau 28). Sans surprise, les fibres régénérées à base de cellulose d'Alfa ont de meilleures propriétés mécaniques que les fibres extraites par les différents procédés exposés dans le chapitre 3. Grâce à l'isotropie et l'homogénéité du matériau constituant les filaments artificiels, ils ont très peu de points de faiblesse et donc ils ne rompent quasiment plus accidentellement à cause d'un défaut de structure, mais plutôt quand ils atteignent la limite supérieure d'effort qu'ils peuvent supporter.

Comparés aux fibres commerciales de la marque Lyocell, les filaments à base d'Alfa montrent un allongement à la rupture et un module de Young assez comparables. Cependant, la valeur de la ténacité est bien inférieure (presque la moitié). Ceci peut être dû aux plusieurs facteurs liés au processus de transformation tels que ; la proportion de la cellulose dans la solution de filage, la vitesse de filage, la viscosité, la température, le diamètre, etc. Tous ces paramètres sont probablement mieux optimisés en industrie qu'à l'échelle du laboratoire et auxquels l'allongement et le module de Young sont moins sensibles que la ténacité. Les fibres Lyocell, en plus d'être très écologiques, sont plus résistantes que toutes les autres fibres cellulosiques, particulièrement à l'état humide, faciles à filer, stables au lavage et au séchage, confortables à porter, infroissables, et ont une bonne absorption de l'humidité.

Les filaments à base d'Alfa ont un excellent module de Young qui dépasse celui de la viscose par exemple ou celui du coton ou de la laine. Leur allongement de près de 13% est aussi supérieur à celui des autres fibres cellulosiques à l'exception de la viscose. Quant à la ténacité, elle est dans le même ordre de grandeur que la viscose mais fortement inférieure à celle du coton ou les autres fibres végétales.

Tableau 28. Tableau de propriétés mécaniques de toutes les fibres produites dans ce travail et leur comparaison avec les principales fibres textiles.

	Ténacité (cN/Tex)	Déformation (%)	Module de Young (GPa)
Fibres α1	3.16	3.02	1.52
Fibres α2	7.52	1.63	8.39
Fibres α3	4.98	1.12	5.41
Fibres régénérés d'Alfa	17.60	13.16	12.9
Lyocell	37 - 45	12 - 16	8-10
Coton	32	7.1	5
Laine	11	42.5	2.3
Lin	54	3.0	18
Jute	31	1.8	17.2
Chanvre	47	2.2	21.7
Viscose	18	27.2	4.8
Polyester (PET HT)	56	7	10.6

Conclusion générale

Ce travail constitue une contribution dans l'étude des fibres issues de la plante d'Alfa (Stipa Tenacissima L.). Cette plante aux vertus écologiques, économiques et sociales, ouvre la voie à de nouvelles applications tout à fait intéressantes. Se basant sur la littérature et les travaux effectués sur cette plante, le potentiel textile a été évoqué et quelques applications en médecine sous forme de composites ou de non tissés ont été même proposées. Néanmoins, on ne parle pas d'applications purement textiles en passant par un procédé conventionnel ou spécifique de transformation textile. C'est la raison pour laquelle le terme « fil d'Alfa » n'a jamais été abordé. Il a donc fallu mener cette étude qui avait pour objectif l'extraction des fibres cellulosiques à partir de la plante en vue d'applications textiles, et à la lumière des différentes caractéristiques trouvées, établir des corrélations entre la structure et les propriétés des fibres cellulosiques obtenues.

Finalement, à partir de la synthèse de ces corrélations, évaluer le potentiel textile des fibres et orienter les applications possibles.

Nous avons commencé par dresser un aperçu général des matières textiles connues à ce jour avec une focalisation toute particulière sur les fibres végétales, leurs propriétés et le rôle qu'elles jouent dans le développement durable. Ensuite, nous avons présenté la plante d'Alfa d'un point de vue botanique, les conditions de son développement, l'intérêt qu'elle présente ainsi que les menaces qu'elle connait, tels que rencontrés dans la littérature, pour s'intéresser ensuite aux méthodes d'extraction.

Le premier chapitre expérimental a été consacré à l'élaboration d'un protocole visant à extraire les fibres cellulosiques à partir de la plante d'Alfa par la dégradation des composants non cellulosiques présents dans les tiges. Les conditions dans lesquelles l'extraction aura lieu sont de très haute importance puisque la qualité et les propriétés des fibres en dépendent. L'extraction est conduite suivant différentes voies : mécanique, classique à la soude et enzymatique. Après plusieurs actions de prétraitement qui visent à mieux préparer les tiges et augmenter l'efficacité des opérations d'extraction, le protocole commence par un traitement mécanique ayant pour rôle de séparer et ouvrir les tiges afin de faciliter l'accessibilité des agents chimiques. A l'issue de ce traitement, une réduction du diamètre et une élimination partielle de composants non cellulosiques ont été constatées. A ce stade, les fibres sont appelées (α1). Ensuite, un deuxième traitement chimique est appliqué aux fibres (α1) en milieu alcalin d'hydroxyde de sodium de concentration 3N pendant une durée de 2 heures à une température de 100°C. Le traitement a été effectué en présence d'un agent réducteur : le dithionite de sodium ($Na_2S_2O_4$) permettant d'éviter la dégradation de la cellulose par oxydation. Ce traitement à la soude vise à éliminer les composants non cellulosiques présents dans les fibres sans la moindre dégradation de la cellulose afin de préserver les performances de ce matériau. Les fibres issues de cette extraction sont appelées (α2). Enfin, un traitement enzymatique vient compléter cette extraction, en utilisant une solution de Polygalacturonases (terme générique : pectinases) pour une durée d'une heure à 35°C et sous un pH égal à 6. Ces pectinases sont capables d'hydrolyser des pectines et des hémicelluloses encore présentes dans les parois des fibres (α2) et donner des fibres encore plus riches en cellulose. Ces fibres sont appelées (α3). Les fibres α1, α2 et α3 issues de différentes extractions ont fait l'objet d'une étude comparative dans le but d'évaluer au mieux, d'une part, leurs caractéristiques physico-chimiques (finesse et longueur, densité, MEB, FTIR-ATR, diffraction aux rayons X, comportement au mouillage et énergie de surface, taux de reprise, cinétique d'absorption-désorption...) et leurs propriétés mécaniques, d'autre part.

L'évaluation du titre a montré que le diamètre des fibres a diminué après chaque traitement appliqué, résultant en une augmentation du rapport L/D favorable à leur filage. L'examen microscopique nous a révélé la disparition progressive des éléments non cellulosiques passant ainsi d'une structure semblable à un matériau composite (où les fibres représentent le renfort tandis que la lignine, les pectines et les hémicelluloses représentent la matrice), vers une structure fibreuse constituée essentiellement de cellulose. Les mesures de la densité et du taux de reprise ont montré une réelle tendance à atteindre des valeurs respectivement connues pour la cellulose Iβ et le coton, ce qui reflète la quasi disparition des matières non cellulosiques. Grâce à une analyse chimique à l'aide d'une spectroscopie infrarouge FTIR, des pics caractéristiques de groupements présents dans la structure moléculaire de la ligne ou de la pectine ont considérablement baissé en intensité ou disparaitre au fil des traitements. Contrairement aux autres pics caractéristiques de groupements présents dans la structure cellulosique, qui ont augmenté leurs intensités. Il a été trouvé également par diffractométrie aux rayons X que la cristallinité des fibres obtenues est passée de 56% à 73% après l'élimination progressive de la partie amorphe constituée de lignine, pectine et hémicellulose. Un meilleur comportement mécanique est constaté chez les fibres $\alpha 2$, ce qui nous incite à revoir les conditions du traitement enzymatique et mieux les optimiser. Ces résultats nous ont permis d'affirmer l'augmentation de la proportion cellulosique dans les fibres d'un coté, de mettre en évidence l'efficacité de nos traitements et de révéler le potentiel textile des fibres obtenues de l'autre coté. Ceci, malgré les dispersions mathématiques élevées caractéristiques des fibres végétales.

La seconde grande partie expérimentale de ce travail s'est portée sur la filabilité des fibres d'Alfa obtenues précédemment et sur l'adaptation d'un procédé conventionnel afin d'obtenir un fil composé majoritairement d'Alfa. En premier lieu, nous avons tenté de réaliser un fil composé exclusivement de fibres d'Alfa, cependant, le manque de cohésion et le glissement entre fibres ont empêché sa réalisation. Le rajout du coton en différentes proportions (30%, 20% et 10%) pour lequel le parc machine est mieux adapté, a résolu les difficultés rencontrées auparavant. Les fils obtenus en deux finesses (30 et 40 Tex) ont été caractérisés et comparés avec un fil 100% coton. Les résultats obtenus ont montré un recul des propriétés mécaniques en traction et une augmentation de pilosité et d'irrégularité avec la présence plus abondante de l'Alfa dans le mélange. Néanmoins, les premiers essais ont permis d'obtenir des fils composés de 90% d'Alfa et ayant une ténacité moyenne de 6.5cN/Tex et un allongement relatif de 4.3% susceptibles de répondre à des applications bien spécifiques où la pilosité et l'aspect d'irrégularité sont recherchés.

La dernière partie du travail réalisé a traité la valorisation de fibres courtes d'Alfa récupérées tout au long du processus de transformation par dissolution dans du NMMO. La solution obtenue est extrudée à travers une filière selon le procédé de filage humide appliqué aux fibres Lyocell. Une étude du comportement mécanique et un examen microscopique ont été effectués sur des échantillons de filaments obtenus et une comparaison avec les fibres obtenues par extraction ainsi que les fibres conventionnelles textiles a été faite.

Cette étude a permis d'approfondir les connaissances actuelles sur les fibres d'Alfa restées à ce jour assez superficielles et d'éclairer la communauté scientifique sur les possibilités et les limites de leur utilisation. Il a été trouvé dans ce travail qu'avec une succession de traitements adéquats, il est devenu possible d'obtenir des fibres cellulosiques avec des propriétés physiques et mécaniques comparables avec celles des autres fibres végétales. Ce qui constitue une nouvelle source équitable qui se rajoute au paysage des fibres textiles où producteur, consommateur et industriel pourraient trouver leur compte dans le respect total de l'environnement et de l'éco-système. Pour la première fois, des fils à base de fibres d'Alfa (jusqu'à 90%) ont pu être conçus. Afin d'obtenir un fil d'Alfa pure, il serait souhaitable de mener une étude pour mieux ajuster les paramètres de machines de filature, dans notre cas réglées pour une filature de type coton et les adapter aux fibres d'Alfa. D'autres procédés de filature peuvent être prospectés comme la filature au mouillé par exemple ou la filature « Open End » qui donneraient des fils avec moins de pilosité.

Une étude plus approfondie sur la mise en solution de la cellulose d'Alfa et les conditions d'extrusion devrait être conduite afin d'améliorer les performances des filaments et palier aux problèmes de régularité et de cohésion rencontrés avec les fibres extraites.

Références

[1] S.Duhamel et N.Garcia « Guide d'éco-conception des produits textiles--habillement », WWF, France (2011)
[2] C.Perret et L.Bossard « Le Coton », Atlas de l'intégration régionale en Afrique de l'Ouest – Série économie, CEDEAO-CSAO/OCDE (Août 2006)
[3] D.Deguillement, L.Dupayage et N.Righi « Marché et enjeux d'aujourd'hui et de demain pour les agro-ressources », Journée Agro-ressources & Matériaux Textiles, Institut Français du Textile et de l'Habillement – IFTH (2009)
[4] « Fibres et renforts végétaux Solutions composites », Fibres Recherche Développement (FRD), Troyes – France (Mars 2012)
[5] F.Roussel « Le chanvre se redécouvre une nouvelle filière d'utilisation dans le domaine des plastiques », www.Actu-Environnement.com (Mars 2006)
[6] H.Bewa « Une disponibilité régulée de la ressource », Journée : Fibres de lin et de chanvre : Une solution naturelle pour l'industrie des composites. Solutions opérationnelles et performantes de chimie-verte, Paris - France (Octobre 2012)
[7] F.Monfort-Windels « Polymères : bioplastiques oui, ressources alimentaires non », Le Journal des Ingénieurs N°119 – pp.4-9 (Mars 2009)
[8] R.Boughriet « Fibres végétales : de nouvelles applications prometteuses émergent », www.Actu-Environnement.com (Octobre 2009)
[9] « Etude de marché des nouvelles utilisations des fibres végétales », Note de synthèse, Agence de l'Environnement et de la Maîtrise de l'Energie- ADEME (Décembre 2005)
[10] S.Ben Brahim and R.Ben Cheikh « Influence of fibre orientation and volume fraction on the tensile properties of unidirectional Alfa-polyester composite », Composites Science and Technology, Volume 67, Issue 1 (2007)
[11] B.Vermeulen « Réalisation de prothèses orthopédiques en fibres naturelles : Des matériaux composites de fibres de verre substitués par des composites de fibres d'Alfa », Le Journal de l'Ecole Nationale Supérieure des Arts et Industries Textiles, Fil d'Ariane N°:24 (Mai 2008)
[12] M.Aouled Med Ben Ali, R.Bencheikh, B.Vermeulen, A.Perwuelz and A.Chaker « Réalisation d'un non-tissé à base de fibres végétales d'alfa », 2ème Congrès International de la Recherche Appliquée en Textile (Cirat 2) Monastir, Tunisie (Novembre 2006)
[13] R.Casey and C.Grove « Fibers », Journal of Industrial & Engineering Chemistry, 39(10), pp.1213-1215 (October 1947)
[14] P.Coesnon « Fibres textiles - La laine à bout de souffle », L'Usine Nouvelle (Mai 2006)
[15] M.Feughelman « Mechanical properties of wool fibers & the two-phase model », Mechanical Properties and Structure of Alpha-Keratin Fibers: Wool, Human and related fibers, University of New South Wales Press, pp. 28-59 (1997)
[16] « Amiante », Wikipédia (Source électronique), disponible sur : http://fr.wikipedia.org/wiki/Amiante (Novembre 2012)
[17] « Amiante», Service de la santé et de la sécurité du travail – Service du répertoire toxicologique, Canada (Octobre 2004)
[18] Collectif «Autour du Fil, l'encyclopédie des arts textiles», volume 10, Ed. Fogtdal, Paris (1990)
[19] A.Michud et B.Giustini « Les fibres cellulosiques à usage textile », Mémoire, Cellule de veille technologique de Grenoble INP-Pagora, École internationale du papier, de la communication imprimée et des biomatériaux (Mai 2009)
[20] J.M.Michel « Contribution à l'histoire industrielle des polymères en France », Société Chimique de France (Avril 2012)
[21] W.Killmann et L.T.Hong « Le bois d'hévéa - succès d'un sous-produit agricole », Archives de documents de la FAO, volume 51 (2000)
[22] A.R.Urquhart and F.O.Howitt « The structure of textile fibres: an introductory study», Ed. A.R.Urquhart et F.O.Howitt, Textile Institute, Manchester (1953)
[23] G.Jiang, W.Huang, L.Li, X.Wang, F.Pang, Y.Zhang and Huaping Wang « Structure and properties of regenerated cellulose fibers from different technology processes », Carbohydrate Polymers, Volume 87, Issue 3, pp.2012-2018 (February 2012)

[24] J.Clavel « Les principales fibres chimiques : généralités, constitution chimique, classification, propriétés techniques essentielles : méthode rapide de différenciation : exemples appliqués à la pratique courante », Ed. Société Chimique Elbeuvienne, "SYNTORGA" (1956)

[25] A.E.Quinn and R.Mattiussi « Les fibres synthétiques », L'industrie textile, Encyclopédie de sécurité et de santé au travail. Volume 3, 3ème Edition, Bureau international du travail, pp. 89.16, Genève (2002)

[26] J.Jerde « Encyclopedia of textiles », Facts on File (1992)

[27] « Glossaire des matériaux composites », Centre d'animation régional en matériaux avancés - CARMA (Décembre 2004)

[28] « Nouvelles fibres textiles », Fiche Technologie-clé N°: 90, Version 3, disponible sur http://www.evariste.org

[29] Statistiques du commerce international, (Chapitre 2), Organisation Mondiale du Commerce - OMC (2007)

[30] « The Fiber Year 2009/10, A world survey on textile and nonwovens industry », Oerlikon, Issue 10 (2010)

[31] Guide de l'Achat Public Durable - Achat de vêtements;; Ministère de l'économie de l'industrie et de l'emploi (Juillet 2009)

[32] D.Carlac'h et Y.Hémery « Etude sur les textiles techniques », Rapport de synthèse, Étude réalisée par Développement & Conseil pour le compte de la DGE (Mars 2006)

[33] « Scénario des émissions liées à l'industrie de l'apprêtage textile », Organisation de coopération et de développement économiques (2004)

[34] C.Meirhaeghie « Evaluation de la disponibilité et de l'accessibilité de fibres végétales à usages matériaux en France », Etude réalisée pour le compte de l'ADEME par Fibres Recherche Développement (Mars 2011)

[35] A.Ben Mabrouk « Elaboration de nanocomposites à base de whiskers cellulose et de polymère acrylique par polymérisation in situ », Thèse de doctorat, Université de Grenoble (Juillet 2011)

[36] B.Kurek « Les fibres naturelles : originalités, propriétés, qualités et défauts », Journée Technique : Matériaux renforcés fibres naturelles et matériaux issus de ressources renouvelables, appliqués en plasturgie., Pole européen de Plasturgie, Bellignat (2006)

[37] J.Bidlack, M.Malone and R.Benson « Molecular structure and component integration of secondary cell walls in plants », Proceedings of the Oklahoma Academy of Science, 72, pp.51-56 (1992)

[38] N.Labbé « Mise au point d'une nouvelle méthode de dosage de l'eau dans le bois et caractérisation des composés organiques du pin maritime par résonance magnétique nucléaire domaine temps », Thèse de doctorat, Université de Bordeaux I (Septembre 2002)

[39] P.Ouagne « Composites à Fibres Naturelles: Enjeux et Utilisations », Laboratoire PRISME Mécanique des Matériaux Hétérogènes, Université Orléans

[40] J.W.S.Hearle «The fine structure of fibers and crystalline polymers. III. Interpretation of the mechanical properties of fibers», Journal of Applied Polymers Science, Vol 7, pp.1207-1223 (1963)

[41] A.Maghchiche «Use of polymers and biopolymers for water retention and soil stabilization at algerian arid and semi-arid soils», Thèse de doctorat, Université de Mentouri Constantine (2009)

[42] R.M.Brown, I.M.Saxena and K.Kudlicka« Cellulose biosynthesis in higher plants », Trends in plant science, Vol 1, pp.149-165 (1996)

[43] R.M.Brown and I.M.Saxena « Cellulose biosynthesis: a model for understanding the assembly of biopolymers», Plant Physiol Biochem, Vol 38, pp.57-67 (2000)

[44] Y.Nishiyama, U.J.Kim, D.Y.Kim, K.S.Katsumata, R.P.May and P.Langan « Periodic disorder along ramie cellulose microfibrills », Biomacromolecules, Vol 4, pp.1013 (2003)

[45] J.Sugiyama « Combined infrared and electron diffraction study of the polymorphism of native celluloses », Macromolecules, Vol 24, pp.2461 (1991)

[46] T.P.Nevell and S.H.Zeronian «Cellulose chemistry fundamentals », Cellulose Chemistry and Its Application, Ed. T.P.Nevell and S.H.Zeronian, Horwood, Chichester, pp.15-29 (1985)

[47] J.S.Lin, M.Y.Tang and J.F.Fellers « The structures of cellulose », ACS Symposium Series, Vol340, pp.233-254 (1987)

[48] R.H.Atalla and D.L.Vanderhart « Native cellulose: a composite of two distinct crystalline Forms», Science, Vol 223, pp.283-285 (1984)

[49] R.A.Young « Cellulose: Structure, Modification, and Hydrolysis », Ed. R.M.Rowell, Wiley-Interscience, New York (1986)

[50] K.H.Gardner and J.Blackwell « Structure of native cellulose », Biopolymers, Vol 13, pp.1975-2001 (1974)

[51] B.Philipp «Organic solvents for cellulose», Polymer News, Vol 6, pp.170-175 (1990)

[52] D.C.Johnson « Solvents for cellulose », Cellulose Chemistry and Its Application, Ed. T.P.Nevell et S.H.Zeronian, Horwood, Chichester, pp.181-201 (1985)

[53] M.Egal, T.Budtova and P.Navard « The dissolution of microcrystalline cellulose in sodium hydroxide-urea aqueous solutions», Cellulose, Vol 15, pp.361-370 (2008)

[54] T.Heinze « Chemical functionalization of cellulose», Polysaccharides (2nd Edition), Ed. D.Severian, Marcel Dekker, Inc, New York. pp.551-590 (2005)

[55] W. Wagenknecht, I.Nehls and B.Philipp « Studies on the regioselectivity of cellulose sulfation in a nitrogen oxide (N2O4)-N,N-dimethylformamide-cellulose system » Carbohydrate Research, Vol 240, pp.245-252 (1993)

[56] A.Bessadok, D.Langevin, F.Gouanvé, C.Chappey, S.Roudesli and S.Marais « Study of water sorption on modified Agave fibres», Carbohydrate Polymers (2008)

[57] « Lignine », Wikipédia (Source électronique), disponible sur : http://fr.wikipedia.org/wiki/Lignine (dernière mise à jour Novembre 2012)

[58] M.Chaouch « Effet de l'intensité du traitement sur la composition élémentaire et la durabilité du bois traité thermiquement: développement d'un marqueur de prédiction de la résistance aux champignons basidiomycètes », Thèse de Doctorat, Université Henri Poincaré (Avril 2011)

[59] J.P.Haluk « Composition chimique du bois », Le bois : matériau d'ingénierie, Ed. A.R.BO.LOR. (1994)

[60] D.Fengel and G.Wegner « Wood: Chemistry, Ultrastructure, Reactions », Ed. Walter de Gruyter, Berlin (1989)

[61] J.L.Wertz « La lignine », Rapport de synthèse, Document ValBiom - Gembloux AgroBio Tech (Novembre 2010)

[62] R. Gosselink, J.Van Dam, E.Scott and J.Sanders « Valorization of Lignin Resulting from Biorefineries », 4th International Conference on Renewable Ressources and Biorefineries, Rotterdam - Netherlands (June 2008)

[63] M.Kluko « Densified Fuel Pellets », United States Patent Application 20090205546 (2009)

[64] N. Eisenreich « New Classes of Engineering Composites Materials from Renewable Resources », EU project: BIOCOMP, (Novembre 2008)

[65] H. Hatakeyama « Chemical Modification, Properties and Usage of Lignin », Ed.T.Q.HU (2002)

[66] I. Brodin « Chemical Properties and Thermal Behaviour of Kraft Lignins », KTH Royal Institute of Technology, Stockholm (2009)

[67] J.Van Dam, R. Gosselink and E. De Jong « Lignin Applications », Wageningen UR, Agrotechnology & Food Innovations

[68] J.Van Dam, R.Gosselink and E.De Jong « Emerging markets for Lignin and Lignin derivatives », ILI Forum 7, Barcelona (2005)

[69] P.Dole and F.Bouxin « Macromolecular and Molecular Uses of Lignin », GFP, Lyon (2008)

[70] M.Rushton « High Yield, High Value Biorefining for Cellulosic Ethanol », Lignol Energy Corp Vancouver, TAPPI International Conference on renewable Energy (Mai 2007)

[71] J.L.Wertz « Les hémicelluloses», Rapport de synthèse, Document ValBiom - Gembloux AgroBioTech (Novembre 2011)

[72] R.A.Chavez Montes «Caractérisation de mutants et transformants d'alpha -L-arabinofuranosidase chez Arabidopsis thaliana »Thèse de Doctorat, Université de Toulouse (2008)

[73] Y.Kato and T.Watanabe « Isolation and characterization of a xyloglucan from Gobo (Artctium lappa L.) », Bioscience biotechnology and biochemistry, Vol 57(9), pp.1591-1592 (1993)

[74] A.J.Buchala and K.C.B.Wilkie « Total hemicelluloses from wheat at different stages of growth », Phytochemistry, Vol 12, pp.499 (1973)

[75] N.C.Carpita « Structure and biogenesis of the cell walls of grasses », Annual Review of Plant Physiology and Plant Molecular Biology, Vol 47, pp.445-476 (1996)

[76] L.Salmen and A.Olsson « Interaction between hemicelluloses, lignin and cellulose: Structure – property relationships », Journal of Pulp and Paper Science, Vol 24(3), pp.99-103 (1198)

[77] M.Addi « Caractérisation fonctionnelle d'une Beta-Xylosidase de lin (Linum usitatissimum L.) : Rôle(s) potentiel(s) dans le métabolisme pariétal », Thèse de Doctorat, Université de Lille I (Décembre 2008)

[78] J.Puls and B.Saake « Industrially Isolated Hemicelluloses », Hemicelluloses: Science and Technology; P.Gatenholm et M.Tenkanen, Eds. ACS Symposium Series 864; American Chemical Society: Washington, DC, pp 24–37 (2004)

[79] A.G.J.Vorgan, W.Pilnik, J.F.Thibault, M.A.V.Axelos and C.M.G.C.Renard « Pectins », Food polysaccharides and their applications, Ed. A.M.Stephen, Marcel Dekker, New York, pp.287-339 (1995)

[80] H.V.Scheller « Biosynthesis of pectin», Physiologia Plantarum, Vol 129, pp.283–295 (2007)

[81] H.A.Schols, E.Vierhuis, E.J.Bakx and A.G.J.Voragen « Different populations of pectic hairy regions occu in apple cell walls », Carbohydratres Research, Vol 275(2), pp.343-360 (1995)

[82] R.Belhamri « Extraction des macromolecules parietales des eaux de presse de betteraves sucrieres : Etude de leur composition, de leurs propriétés physico-chimiques et de leur effet sur le process sucrier », Thèse de Doctorat, Université de Reims Champagne – Ardenne (Février 2005)

[83] M.Simon « Les parois végétales », cours-pharmacie.com (Aout 2009)

[84] S.Taj, M.Ali Munawar and S.Khan « Natural fiber-reinforced polymer composites », Procedings of Pakistan Academy of Sciences, Vol 44(2) (Mars 2007)

[85] J.S.Han « Properties of nonwood fibers », Proceedings of the Korean Society of Wood Science and Technology Annual Meeting (1998)

[86] A.K.Bledzki and J.Gassan « Composites reinforced with cellulose based fibres », Progress in Polymer Science, Vol 24(2), pp.221–274 (1999)

[87] A.K.Bledzki and J.Gassan « Die Angew Makromol Chem », Vol 236, pp.129–138 (1996)

[88] M.C.Paiva, I.Ammar, A.R.Campos, R.B.Cheikh and A.M.Cunha « Alfa fibres: Mechanical, morphological and interfacial characterization », Composites Science and Technology, Vol 67, pp.1132-1138 (2006)

[89] S.K.Batra « Other long vegetable fibers », In: Handbook of fibre Science and Technology, Ed. M.Lewin and E.M.Pearce, New York. Marcel Dekker, Vol. 4, Fibre Chemistry, pp. 505-575 (1998)

[90] E.T.N.Bisanda and M.P.Ansell « Properties of sisal/CNSL composites », Journal of Materials Science, Vol 27, pp. 1690-1700 (1992)

[91] P.J.Roe and M.P.Ansell « Jute-reinforced polyester composites », Journal of Material Science, Vol 20, issue 11, pp. 4015-4020 (1985)

[92] H.H.Wang, J.G.Drummond, S.M.Reath, K.Hunt and P.A.Watson « An improved fibril angle measurement method for wood fibres », Wood Science and Technology, Vol 34, pp. 493-503 (2001)

[93] P.S. Mukherjee and K.G.Satyanarayana « Structure and properties of some vegetable fibers. II. Pineapple fibre. II. Pineapple fibre», Journal of Materials Science, Vol 21, pp.51-56 (1986)

[94] C.Baley « Fibres naturelles de renfort pour matériaux composites », Techniques de l'ingénieur (2005)

[95] J.Ganster and H.P.Fink « Physical constants of cellulose », In: Polymer Handbook, Ed. J.Brandrup, E.H.Immergut and E.A.Grulke,. New York, John Wiley and Sons (1999)

[96] F.Troger, G.Wegener and C.Seemann « Miscanthus and flax as raw material for reinforced particleboards », Industrial Crops and Products, pp.113-121 (1998)

[97] G.C.Davies and D.M.Bruce « Effect of environmental relative humidity and damage on the tensile properties of flax and nettle fibers », Textile Research Journal, Vol 68 (9), pp.623-629 (1998)

[98] S.H.Zeronian « The mechanical properties of cotton fibres », Journal of Applied Polymer Science : Applied Polymer Symposium, Vol 47, pp. 445-461 (1991)

[99] A.Ishikawa, S.Kuga and T.Okano « Determination of parameters in mechanical model for cellulose III fibre », Polymer, Vol 39, issue 10, pp. 1875-1878, (1998)

[100] Commission mondiale pour l'Environnement et le Développement (CMED) (1987)

[101] Schéma a été présenté et diffusé par A. Villain en 1993 à Lille. UVED (Université virtuelle environnement et Développement durable)

[102] G.G.Giménez « Aportaciones a la química del esparto español ». Anales de la Universidad de Murcia. Vol 13, N° 1. Curso 1954-55

[103] USDA Plants Database

[104] M.Rhanem « L'alfa (Stipa tenacissima L.) dans la plaine de Midelt (haut bassin versant de la Moulouya, Maroc) – Éléments de climatologie », Physio-Géo [En ligne], Vol 3 (janvier 2009)

[105] H.N.Le Houérou « Recherches écoclimatiques et biogéographiques sur les zones arides de l'Afrique du Nord » Thèse de Doctorat d'État, Université Paul Valéry, Montpellier (1990)

[106] H.N.Le Houérou « Considérations biogéographiques sur les steppes arides du nord de l'Afrique», Sécheresse, Vol 6, n° 2, pp. 167-182 (1995)

[107] « L'alfa : Importance écologique et socio-économique », Portail de l'agriculture marocaine, Terre et Vie, N°61-62, (Novembre 2002)

[108] M.Benchrik and S.Lakhdhari « Contribution à l'étude de l'entomofaune de la nappe alfatière de la région de Zaafrane. W.Djelfa », Mémoire de fin d'étude pour l'obtention du diplôme d'ingénieur d'état en agropastoralisme, Centre Universitaire ZIANE ACHOUR Djelfa (2002)

[109] D.Nedjraoui « Adaptation de l'alfa (Stipa tenacissima L) aux conditions stationnelles », Thèse de Doctorat, Université des Sciences et de la technologie Houari Boumediene USTHB, Alger (1990)

[110] D.Nedjraoui et J.Touffet « Influence des conditions stationnelles sur la production de l'alfa (Stipa tenacissima). Revue Ecologia mediterranea Vol 20, pp. 67-75 (1983)

[111] S.Boudjaja, A.Harfouche et W.Chettah « Contribution à l'étude de la variabilité géographique chez l'alfa (Stipa tenacissima L.) », Revue de l'Institut national de la Recherche Agronomique n° 23 pp.7-23 (2009)

[112] A.Bourahla and G.Guittonneau « Nouvelles possibilités de régénération des nappes alfatières en liaison avec la lutte contre la désertification » Bulletin de l'Institut d'Ecologie Appliquée d'Orléans, Vol 1 pp.19-40 (1978)

[113] A.Moulay, K.Benabdeli and A.Morsli « Contribution a l'identification des principaux facteurs de dégradation des steppes a Stipa tenacissima du sud-ouest Algerien », Mediterranea, Serie de estudios biológicos época II, n° 22, Universidad de Alicante (2011)

[114] Le site de la Société Nationale de Cellulose et de Papier Alfa http://www.sncpa.com.tn

[115] M.Ben Hassen « Elaboration de non tissés à base de fibres d'alfa » disponible sur : non-woven.blogspot.fr

[116] T.Ben Brik « Tunisie : menaces sur l'alfa et son papier d'or » Article disponible sur http://www.syfia.info (Avril 1992)

[117] S.Bedrani « L'Aire du Patrimoine Communautaire de la Commune de Oued Morra, Algérie » (Juillet 2008)

[118] R.G.Allaby, G.W.Peterson, D.A.Merriwether and Y.B.Fu « Evidence of the domestication history of flax (Linum usitatissimum L.) from genetic diversity of the sad2 locus », Theoretical and Applied Genetics, Vol 112, n° 1, pp. 58-65 (Décembre 2005),

[119] La culture et l'exploitation du lin disponible sur: http://boiseau.free.fr/dossiers/lin/exploitationlinpdf.pdf

[120] S.Msahli « Etude du potentiel textile des fibres d'Agave Americana L. », Thèse de Doctorat, Université de Haute Alsace (Juillet 2002)

[121] D.THI Vi Vi « Matériaux composites fibres naturelles/polymère biodégradables ou non », Thèse de Doctorat, Université de Grenoble et Université des sciences de Hochiminh Ville (Juillet 2011)

[122] F.Munder « Extraction des fibres libériennes du chanvre – Derniers résultats de l'ATB Bornim » Journées d'information en tech. agricole, FAT Tänikon, (Octobre 2005)

[123] Leibniz-Institut für Agrartechnik Potsdam-Bornim e.V. Potsdam, Deutschland Abteilung Technik der Aufbereitung, Lagerung u. Konservierung

[124] K.Brecc, A.Vellar and W.G.Glasser « Steam-assisted biomass fractionation I. Process considerations and economic evaluation » Biomass Bioenergy, Vol 14(3), pp.205- 218 (1998)

[125] N.Jacquet, C.Vandergheim, C.Blecker and M.Paquot « La steam explosion : Application en tant que prétraitement de la matière lignocellulosique » Biotechnologie, Agronomie, Société et Environnement, Vol 14(S2), pp.561-566 (2010)

[126] X.F.Sun, F.Xu, R.C.Sun, Z.C.Geng, P.Fowler and M.S.Baird « Characteristics of degraded hemicellulosic polymers obtained from steam exploded wheat straw », Carbohydrate Polymers, Vol 60, pp.15-26 (2005)

[127] E.Chornet E and R.P.Overend « Phenomenological kinetics and reaction engineering. Aspects of steam/ aqueous treatments » In: Proceedings of the International workshop on steam explosion technique: fundamentals and industrial applications, pp.21-58, Milan, Italy (October 1988)

[128] « Lin cultivé », Wikipédia (Source électronique), disponible sur : http://fr.wikipedia.org/wiki/Lin_cultivé (Novembre 2012)

[129] B.Bouiri et M.Amrani « Production of dissolving grade pulp from alfa », BioResources, Vol 5(1), pp.291-302 (2010)

[130] A.Bessadok, S.Marais, F.Gouanvé, L.Colasse, I.Zimmerlin, S.Roudesli and M.Métayer « Effect of chemical treatments of Alfa (Stipa tenacissima) fibres on water-sorption properties», Composites Science and Technology, Vol 67, pp.685-697 (2007)

[131] B.Bouiri and M.Amrani « Elemental chlorine-free bleaching halfa pulp », Journal of Industrial and Engineering Chemistry, Vol 16, pp.587–592 (2010)

[132] O.Akchiche and M.K.Bouragda « Esparto grass (Stipa Tenacissima L.) raw materials of papermaking, First part », Kimia Rastitelnova Sirya, Vol 4, pp.25-30 (2007)

[133] E.Schuster, N.Dunn-Coleman, J.C.Frisvad and P.W.Van Dijck « On the safety of Aspergillus niger – a review », Applied Microbiology and Biotechnoogy, Vol 59, pp.426–435 (2002)

[134] S.L.Gonzalez and N.D.Rosso « Determination of pectin methylesterase activity in commercial pectinases and study of the inactivation kinetics through two potentiometric procedures », Ciencia e Tecnologia de Alimentos, Vol 31(2), pp.412-417 (Juin 2011)

[135] D.Madden « More juice from apples: Pectinases and cellulases can be used to enhance the yield of juice from apples and similar fruits », National Centre for Biotechnology Education, University of Reading

[136] NF G07-007 : Essais des fibres – Détermination de la masse linéique (ou titre) des fibres (Avril 1961), AFNOR, Paris p.272 (1983)

[137] NF G07-004 : Essais des fibres – Détermination du diamètre des fibres de laine- Méthode du microscope à projection (Décembre 1973), AFNOR, Paris p.265 (1983)

[138] R.M.Rowell, J.S.Han and J.S.Rowell « Characterization and Factors Effecting Fiber Properties », Proceedings of Natural Polymers and Agrofibers Based Composites: Preparation, Properties, and Applications, Embrapa Instrumentação Agropecuária, São Carlos, Brazil, pp.115-134 (2000)

[139] « Masse volumique réelle au pycnomètre à gaz », une méthode de mesure au pycnomètre à gaz de la masse volumique réelle, Groupe d'Etude des Modes Opératoires (GEMO), PPH-200 – 00 (Octobre 2004)

[140] B.Boyer and A.Rudie « Single fiber lignin distributions based on the density gradient column method », In: Proceedings of TAPPI engineering, pulping and environmental conference, Jacksonville, FL. Atlanta, GA, TAPPI Press (October 2007)

[141] C.C.Sun « True Density of Microcrystalline Cellulose », Journal of Pharmaceutical Sciences, Vol 94 (10), pp.2132-2134 (2005)

[142] NF G08-001-4 : Textiles. Fibres et fils – Détermination de la masse commerciale d'un lot AFNOR, (Décembre 1987)

[143] J.E.Ford « Fibre data summaries »,Shirley Institute, Manchester (1966)

[144] W.E.Morton and J.W.S.Hearle « Equilibrium absorption of water », Physical properties of textile fibres, Fourth Edition, Woodhead Publishing in Textiles: Number 68 (in association with The Textile Institute), CRC Press Cambridge, England, pp.178-194 (2008)

[145] W.E.Morton and J.W.S.Hearle « Thermal properties », Physical properties of textile fibres, Fourth Edition, Woodhead Publishing in Textiles: Number 68 (in association with The Textile Institute), CRC Press Cambridge, England, pp.168-177 (2008)

[146] I.Konopov « The Assessment and Evaluation of the Comfort and Protection of Advanced Textiles », ISS Institute/RMIT University Fellowship (Février 2011)

[147] « L'isolation » Guides Energie Neupré (Octobre 2011)

[148] J.L.Gardette « Caractérisation des polymères par spectrométrie optique », Techniques de l'ingénieur (Décembre 1996)

[149] M.Messaoud « Fonctionnalisation Anti-bactérienne Passive ou Active de Supports Textiles par Voie Sol-Gel ou Photochimique : L'association du TiO2 et de la Chimie Douce », Thèse de Doctorat, Université de Grenoble (Février 2011)

[150] P.Garside and P.Wyeth « Identification of cellulosic fibres by FTIR spectroscopy: Thread and single fibre analysis by attenuated total reflectance », Studies in Conservation, Vol 48 (4), pp. 269-275 (2003)

[151] P.Garside and P.Wyeth « Identification of cellulosic fibres by FTIR spectroscopy - Differentiation of flax and hemp by polarized ATR FTIR », Studies in Conservation, Vol 51(3), pp. 205-211 (2006)

[152] N.Sgriccia, M.C.Hawley, and M.Misra « Characterization of natural fiber surfaces and natural fiber composites», Composites Part A Applied Science and Manufacturing 39, (2008), pp. 1632-1637.

[153] J.Peng « Détermination des contraintes résiduelles dans des revêtements par diffraction des rayons X en faible incidence », Thèse de Doctorat, l'Ecole Nationale Supérieure d'Arts et Métiers, Paris (Juillet 2006)

[154] H.P.Klug and L.E.Alexander « X-ray diffraction procedures», Ed. Wesley, London (1969)

[155] W.H.Bragg « The universe of light », Macmillan, New York (1934)

[156] M.S.Islam, K.L.Pickering and N.J.Foreman «Influence of Alkali Fiber Treatment and Fiber Processing on the Mechanical Properties of Hemp/Epoxy Composites», Journal of Applied Polymer Science, Vol 119, pp.3696–3707 (2011)

[157] N.Reddy and Y.Yang « Characterizing natural cellulose fibers from velvet leaf (Abutilon theophrasti) stems », Bioresource Technology, Vol 99, Issue 7, pp.2449-2454 (May 2008)

[158] L.Segal, J.J.Creely, A.E.Martin Jr and C.M.Conrad « An empirical method for estimating the degree of crystallinity of native cellulose using the X-ray diffractometer », Textile Research Journal, Vol 29, pp.786 – 794 (1959)

[159] A.Thygesen, J.Oddershede, H.Lilholt, A.B.Thomsen and K.Stahl « On the determination of crystallinity and cellulose content in plant fibres», Cellulose, Vol 12, pp.563–576 (2005)

[160] N.Bohli, A.Perwuelz, R.B.Cheikh and M.Baklouti « Wettability Investigations on the Cellulosic Surface of Alfa Fibers », Journal of Applied Polymer Science, Vol 110, pp.3322–3327 (Juin 2008)

[161] ASTM D3379-75 « Standard Test Method for Tensile Strength and Young's Modulus for High-Modulus Single-Filament Materials» (1998)

[162] NF EN 12751 « Textiles - Échantillonnage des fibres, des fils et des étoffes en vue des essais » AFNOR, (Novembre 1999)

[163] V.Carvalho, J.L.Monteiro, F.O.Soares and R.M.Vasconcelos « Yarn Evenness Parameters Evaluation: A New Approach », Textile Research Journal, Vol 78 (2), pp.119-127 (2008)

[164] H.C.Picard « The Irregularity of Slivers I », Journal of the Textile Institute, Vol 42 N° 12, pp.503-509 (1951)

[165] H.C.Picard « The Irregularity of Slivers II », Journal of the Textile Institute, Vol 43 N° 6, pp.251-261 (1952)

[166] H.C.Picard « The Irregularity of Slivers III », Journal of the Textile Institute, Vol 44 N° 7, pp.307-316 (1953)

[167] R.Karm « Influence des doublages en filature de laine peignée », Thèse de Doctorat, Ecole Polytechnique Fédérale de Zurich (1959)

[168] R.Furter « Physical properties of spun yarns », Application report, Uster , Ed.3 (Juin 2009)

[169] Uster Statistics, 1997, Zellweger Uster AG, Switzerland.

[170] ASTM D2256 / D2256M - 10e1 « Standard Test Method for Tensile Properties of Yarns by the Single-Strand Method »

[171] M.Mazza « Modification chimique de la cellulose en milieu liquide ionique et CO_2 supercritique », Thèse de Doctorat, Université de Toulouse (Février 2009)

[172] O.Biganska « Etude physico-chimique des solutions de cellulose dans la n-methylmorpholine-n-oxyde », Thèse de Doctorat, Ecole des Mines de Paris (Décembre 2002)

[173] NF EN 13895 « Textiles - Monofilaments - Détermination des propriétés en traction », AFNOR (2003)

Résumé :
Compte tenu des propriétés spécifiques de l'Alfa, de son haut potentiel fibreux, des conditions de sa production et de sa transformation très écologiques, nous nous sommes proposés de mener une étude ayant pour objectif l'extraction des fibres cellulosiques à partir de la plante en vue d'applications textiles. L'extraction est conduite suivant différentes voies : mécanique, classique à la soude et enzymatique. A la lumière des différentes caractéristiques de ces fibres issues des différents procédés d'extraction, nous avons établi des corrélations entre la structure et les propriétés des fibres cellulosiques obtenues. Les fibres α1, α2 et α3 issues de différentes extractions ont fait l'objet d'une étude comparative dans le but d'évaluer au mieux, d'une part, leurs caractéristiques physico-chimiques (finesse et longueur, densité, MEB, FTIR-ATR, diffraction aux rayons X, comportement au mouillage et énergie de surface, taux de reprise, cinétique d'absorption-désorption...) et leurs propriétés mécaniques, d'autre part. L'efficacité de chaque traitement a été approuvée par l'élimination progressive des composants non cellulosiques et l'obtention de fibres longues prêtes à être intégrées dans le processus de transformation textile.
Dans un second temps, nous avons produit des fils par le procédé conventionnel anneau- curseur afin d'obtenir une structure organisée et homogène. Ainsi, le potentiel textile des fibres d'Alfa a été confirmé. Afin de valoriser les fibres très courtes, nous les avons mises en solution dans un solvant écologique : le NMMO. La solution concentrée est extrudée à travers une filière selon le procédé de filage humide appliqué aux fibres Lyocell. Finalement, une comparaison entre les fibres extraites des tiges d'Alfa, les filaments obtenus par coagulation et les autres fibres naturelles couramment utilisées dans l'industrie textile, a été effectuée tout au long de cette étude pour permettre de bien situer les fibres d'Alfa dans le paysage général des fibres textiles.
Mots clés : Alfa (Stipa Tenacissima L.), fibres naturelles, cellulose, lignine, extraction, fils mélange, filage humide, développement durable

Abstract :
Given the specific properties of Alfa plant, its high fibrous potential, its conditions of production and its processing very ecological, we proposed to study the extraction of cellulosic fibers for textile applications. The extraction is carried out following different ways: mechanical, chemical and enzymatic. In light of the different characteristics of these fibers obtained from different extraction methods, we established correlations between the structure and properties of cellulosic fibers.
α1, α2 and α3 fibers, resulting from the different extraction ways have been compared in order to better assess: on the one hand, their physico-chemical characteristics (fineness and length, density, SEM, FTIR-ATR, X-ray diffraction, wetting behavior and surface energy, moisture regain, absorption-desorption kinetics ...) and mechanical properties, on the other hand. The efficiency of each treatment was approved by the phasing out of non-cellulosic components and the obtaining of long fibers ready to be integrated into the process of textile processing.
In a second step, we produced yarns by the conventional ring spinning method, in order to get an organized and consistent structure. Thus, the textile potential of Alfa fibers has been confirmed. Wastes from spinning (very short fibers) were dissolved in an ecological solvent: NMMO. The concentrated solution was extruded through a spinneret according to the wet spinning process applied to the Lyocell fibers. Finally, a comparison between the fibers extracted from Alfa stems, filaments obtained by coagulation and other natural fibers commonly used in the textile industry was conducted throughout this study to properly situate Alfa fibers in the general landscape of textile fibers.
Key words: Alfa (Stipa Tenacissima L.), natural fibers, cellulose, lignin, extraction, blended yarns, wet spinning, sustainable development

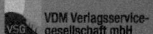

Zeitfracht Medien GmbH
Ferdinand-Jühlke-Straße 7
99095 Erfurt, Deutschland
produktsicherheit@kolibri360.de

Druck:
CPI Druckdienstleistungen GmbH
im Auftrag der
Zeitfracht Medien GmbH
Ein Unternehmen der Zeitfracht - Gruppe
Ferdinand-Jühlke-Str. 7
99095 Erfurt